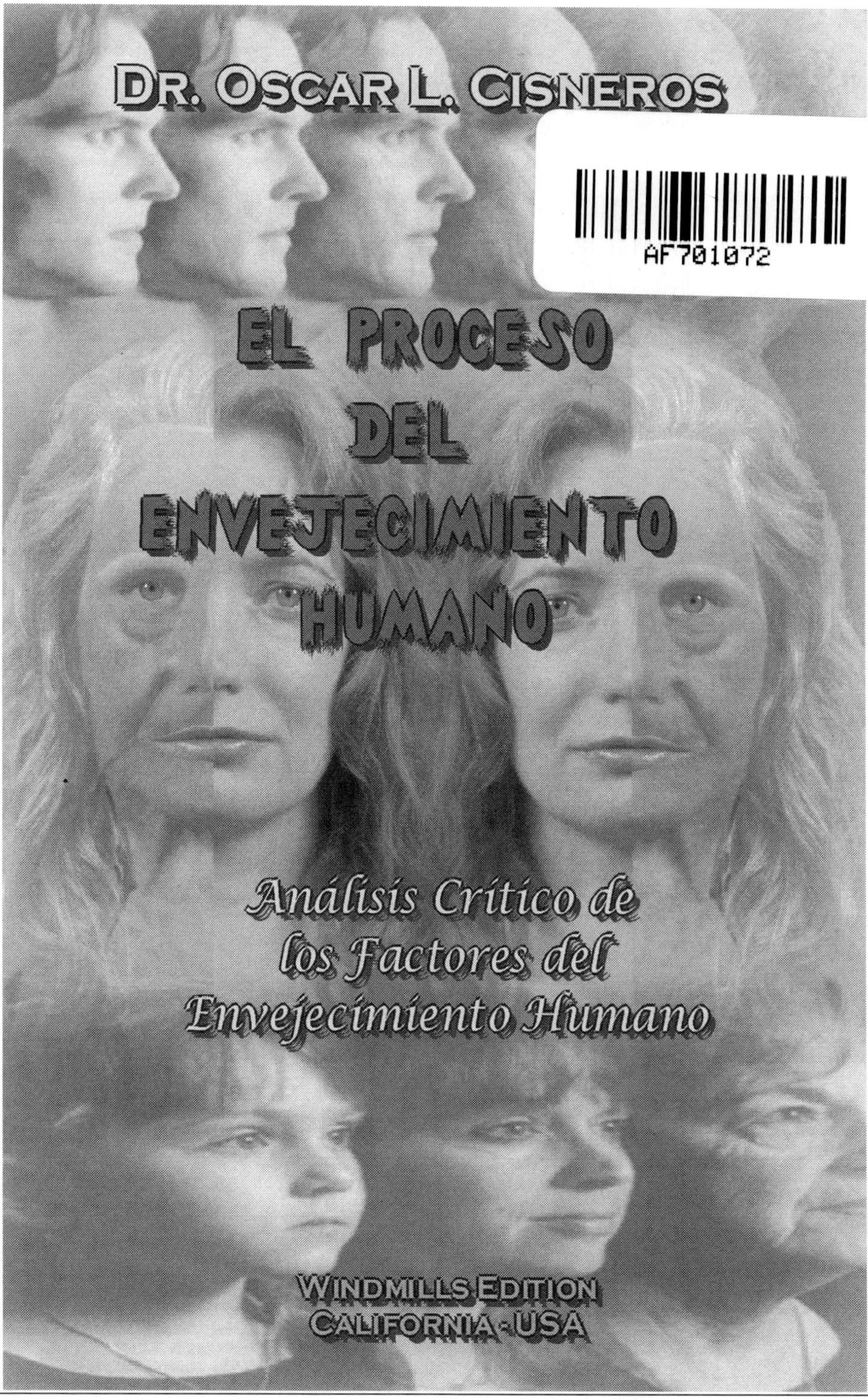
DR. OSCAR L. CISNEROS
EL PROCESO
DEL
ENVEJECIMIENTO
HUMANO
Análisis Crítico de
los Factores del
Envejecimiento Humano
WINDMILLS EDITION
CALIFORNIA - USA

El Proceso de Envejecimiento Humano

Autor: OSCAR L. CISNEROS

Writing: 2008

Edition Copyright 2010: OSCAR L. CISNEROS

Produccion General y Diseño de portada: Cesar Leo Marcus

Imágenes libres de Internet.

International Windmills Edition

www.windmills.newebi.com

windmills@clmarcus.com

ISBN 978-0-557-61894-1

Renuncia de Responsabilidad:

International Windmills Edition, sus directores, empleados y colaboradores, no se responsabilizan del contenido de este libro. Los puntos de vista, opiniones y creencias, expresados en el mismo, representan exclusivamente, el pensamiento del autor, y propietario del Copyright.

Todos los derechos reservados

Es un delito la reproducción total o parcial de este libro, su tratamiento informático, la transmisión de ninguna forma o por cualquier medio, ya sea electrónico, mecánico, por fotocopia, por registro u otros métodos, su préstamo, alquiler o cualquier otra forma de cesión de uso del ejemplar, sin el permiso previo y por escrito del titular del Copyright. Únicamente, se podrá reproducir párrafos parciales del mismo con la mención del titulo y el autor.

All Rights Reserved

It is a crime the total or partial reproduction of this book, his computer treatment, nor the transmission of any form or for any way, already be electronic, mechanical, neither for photocopy, for record or other methods, his lending, rent or any other form of transfer of use of the copy, without the previous permission and in writing of the holder of the Copyright. Only, they can play the same partial paragraphs with reference to the title and author

EL PROCESO DEL ENVEJECIMIENTO HUMANO

Análisis Crítico de los Factores del Envejecimiento Humano. Sugerencias Sobre Como Comprenderlo, Manejarlo, Retardarlo y Disfrutarlo al Máximo

Dr. Oscar L. Cisneros

INTERNATIONAL WINDMILLS EDITIONS
CALIFORNIA - USA – 2010

OSCAR LUIS CISNEROS MARTÍNEZ

Nació en la Ciudad de México el 9 de Diciembre de 1932. Sus padres, el Ingeniero Salvador Cisneros y su madre la Profesora María Luisa Martínez.

Su formación escolar jesuita y marista, forjaron su espíritu controversial. Estudió Medicina en la Universidad Nacional de México, graduándose como Médico-Cirujano en 1959

Después de casarse con Luz María Suárez en 1960, inició adiestramiento en Pediatría y Cardiología en la Ciudad de Chicago USA, en los hospitales Mercy y Presbyterian St-Luke´s durante cuatro años. Tiene dos hijos y cuatro nietos que son su orgullo y razón de existir.

A su regreso a la Ciudad de México, fungió como Cardiólogo-Hemodinamista en el Centro Médico Nacional y después en la ciudad de Guadalajara, en el Centro Médico de Occidente del Instituto Mexicano del Seguro Social, en donde fue pionero en muchas técnicas de Cateterismo Cardiaco, como son implante de marcapasos, diagnóstico e intervencionismo cardiaco en niños y adultos, así como práctica cardiológica en varios otros hospitales. Actualmente retirado, reside en la ciudad de Chapala. Es un apasionado del ejercicio físico, la astronomía y la ciencia. Ha participado en varios maratones pedestres y regatas de remo y ha escrito varios libros, ensayos, artículos médicos y no médicos.

Es autor de la gustada serie de audio-libros electrónicos denominada: **www.holabetabeles.com** (en México el término "betabeles" se aplica a las personas senescentes), diseñada con la intención de proporcionar información médico-científica clara, concisa y divertida acerca del proceso de Envejecimiento Humano, y de la cual el presente texto procede.

Dedicatoria y agradecimiento

"Somos Polvo de Estrellas". Esta frase atribuída al sabio Dr. Carl Sagan, denota lo que sabemos acerca de nuestro origen y de todo lo existente.

Toda nuestra substancia, nuestra Materia, nuestro Espacio-Tiempo tiene origenes estelares. Los espectaculares avances de la Ciencia aturden nuestra mente y nos sorprenden diariamente. Sin embargo, las vitales preguntas que se hace el Hombre: ¿De dónde vengo? ¿Cómo estoy hecho? y ¿A dónde voy? Continuan sin respuesta clara y precisa.

Estas líneas están dedicadas a tratar de simplificar el conocimiento de lo que sucede en nuestro humano cuerpo, en un intento de clarificar los procesos de desgaste, deterioro y muerte de los seres humanos, de una manera concisa, sencilla, y a buscar lo que tiene de divertido tal empeño.

Dedico de todo corazón tal esfuerzo a los antecesores que me precedieron: Mis abuelos Don Eduardo, Doña Dolores, Don Desiderio y Doña Cecilia. A mis padres; Don Salvador (mi máxima guía), Doña María-Luisa (mi formadora y primer Amor). A mis contemporáneos; mis hermanos; Jorge y María-Luisa. A mi esposa y compañera de medio siglo; Luz-María, a mis hijos; Luis-Carlos y Patricia-Eugenia, a mis nietos: Alejandra, Mariana, Oscar-Luis, y Ana-Sofía. A mis maestros,a mis pacientes, compañeros, discípulos, parientes y amigos y a todos los que me han enseñado algo. A mis editores, críticos y lectores. Y por supuesto a los maravillosos instrumenos actuales: Internet, Microsoft, Google, Yahoo. Herramientas del demonio que me simplifican y complican la vida interminablemente, que engrandecen mi memoria y que han disminuído mi natural Estupidez.

A todos mi profundo agradecimiento.

Doccis.

INDICE

Parte I.- Factores.

1.- El Factor Tiempo… 13

2.- El Ambiente Externo…17

3.- El Factor Genético y Hereditario…25

4.- El Impacto Emocional y Cultural…31

5.- La Filosofía Práctica…37

Parte II. El Envejecimiento De Órganos Y Sistemas:

6.- El Envejecimiento Celular Básico…45

7- Cerebro y Sistema Nervioso Central…53

8- Organos Sensoriales. I; (Visión)…61

9.-Organos Sensoriales. Ii; (Auditivo/Olfativo/Gusto)…69

10.- Sistema Cardiovascular I…79

11.-Sistema Cardiovascular II…89

12.-Aparato Respiratorio…101

13- Sistema Digestivo. I…115

14.-Sistema Digestivo. II…127

15.-Sistema Genito Urinario. I…137

16.-Aparato Genito Reproductivo. II…149

17- Sistema Músculo Esquelético (Locomotor)…167

18.- Sistema Endocrino y Metabólico…181

19.-Sistema Hematológico E Inmunológico...193

20.-Sistema Dermatológico…203

Parte III. Sugerencias:

21.- Y… Como Disfrutarlo Al Máximo…213

Parte IV. Disquisiciones Acerca de la Terminación de la Vida

22.- Vida Asistida, Daño Cerebral, Donacion de Organos…221

23- Eutanasia y Vida Después De La Vida…233

PRÓLOGO

Animado por la cálida, generosa e inmerecida aceptación de las letras precedentes en los innicuos; "Sobreviviendo", y "Sólo Para Tus (Lindos) Ojos". Inicio ésta presentación que no es otra cosa sino la profundización de algunos de los conceptos anteriormente vertidos y algunas reflexiones que han sido propiciadas por algunos de mis amables lectores y colaboradores.

Debo hacer notar que el tema del "Envejecimiento Humano", es al mismo tiempo fascinante y tenebroso para la especie humana, que es la única (quizás), que tiene concepción mas o menos clara del tiempo futuro y del: "¿Cómo será?" y "¿Qué habrá más delante?", lo cual nos atormenta y encanta de la misma manera que un insecto nocturno se precipita hacia la luz (y hacia su perdición).

La Ciencia moderna ha progresado increíblemente en casi todos los aspectos del conocimiento humano, pero no lo ha hecho con igual éxito en lo referente a la predicción del futuro. Sin embargo los modernos conocimientos acerca de la biología celular y sobretodo molecular, han avanzado notablemente en los últimos años y nos hacen soñar con un mayor y mejor conocimiento de los misterios de la vida y la muerte, que sean capaces de prolongar nuestra vida útil en el planeta que nos corresponde y cómo podríamos sobrevivir como especie, cuando el actual agote sus maravillosas cualidades.

Yo siempre he sostenido que de haber sido capaz de (absurdamente), elegir en que época del devenir temporal me hubiera gustado existir. (¡Oh Máquina del Tiempo!, ¿dónde estás?). He pensado que modestamente me conformaría con haber sido mi propio nieto o si no es mucho pedir mi bisnieto, pero por favor no mucho más allá, porque no estoy seguro de que ése futuro pueda ser muy agradable (ojalá y me equivoque) en beneficio de mis y los de ustedes descendientes. Y sinceramente espero que en el remoto caso de que ellos, lleguen a leer éstas líneas, digan (sonriendo); "¡Já!, mira las tarugadas que pensaba el abuelo, no tenía la menor idea de lo que estaba diciendo".

De tal forma que si me lo permiten, de alguna manera trataré de exponer algunas ideas y reflexiones referentes a los efectos que el paso inexorable del tiempo produce en nuestro cuerpo y mente, y aunque no me atrevería a aconsejar como disminuir sus estragos, si fuera posible me encantaría contribuir a la difusión del estado de el conocimiento al respecto.

Expuesto lo anterior, suplico al amable lector; ¡Agarrarse el sombrero! Y abrocharse el cinturón. Porque como dicen en mi pueblo: "Encarrerado el Ratón… ¡Tizne a su Madre el Gato!".

Doccis - Guadalajara Jal (06-.27-2007)

PARTE I

FACTORES CONTRIBUTORIOS AL ENVEJECIMIENO

1. EL FACTOR TIEMPO

En la Teoría de la Relatividad de Einstein,
No existe un tiempo absoluto único, sino
Que cada individuo posee su propia medida
Personal del tiempo, medida que depende
De donde está y de cómo se mueve".
(Stephen W.Hawking "A Brief History Of Time").

Nos movemos y existimos en un mundo cuatridimensional; ¿Lo dudan?, ¡Nomás cuéntenle las patas a un burro! (yó levanto la mano).

Todo es relativo, verán; El tamaño del chichón en la cabeza del sufrido esposo, es función de la hora en que llega (tiempo), el estado de ebriedad (espacio), y tamaño del rodillo (masa) en manos de la Doña. Sugiero, no intentar comprobar personalmente este teorema, o hipótesis.

Dejemos de lado, (si me lo permiten), la espinosa idea de que si acaso existíamos antes de que nuestros padres (Y Dios Todopoderoso), nos concibieran (gozosamente, espero). Pero sin duda alguna, si empezamos a vivir, seguramente dejaremos de existir dentro de poco. ¿Cuánto? Una minúscula cantidad de tiempo en el inconmensurable Cosmos.

Como quiera que sea, no nos pongamos tan patéticos, ni melodramáticos, como dicen que dijo Adolfito Hitler cuando le anunciaron que el Ejército Rojo, estaba a las puertas de su bunker (más bien dicen que dijo en alemán algo así como: ¡Ugh! ¡Chin! u ¡Oh, my God!).

"¡No somos nada!", como siempre decimos en los funerales. Esperemos que tampoco se limiten nada más a decir; "El muerto al pozo, y el vivo al retozo" o "Tu descansas y yo también". Les recomiendo pensar bien en su epitafio, no vaya a haber algún malora que invente algo. A nuestra edad, (¡Háganse a un lado "mocos"!). ¿Qué más podemos hacer? Pues les recomiendo esperar pacientemente, tranquilos, ya merito. Sugiero convencernos a nosotros mismo de que nuestra obra, nuestra misión en la tierra , ya casi termina, hallamos hecho lo que hagamos realizado, ya solo falta anudar cabitos, cerrar asuntillos pendientes, ponerle moño a todo y cerrar con broche de oro. ¿Algo falta?, bien pues apuraditos por favor que la puerta se va a cerrar y te puede atrapar la cola (no hay que tener "cola que te pisen"). O como dicen los gringos "¡Bringyourassoverhere!". (¡ah gringos tan pelados!).

Un suceso es algo que ocurre en un punto particular del espacio y en un instante específico del tiempo. Hoy en día podemos medir con más exactitud el tiempo que el espacio. De hecho el metro, se define como la distancia recorrida por la luz en. 0.000000003335640952 segundos, (0.33 cienmillonésimas de segundo!, medidos con un reloj de Cesio). De hecho la Teoría de la Relatividad nos obliga a cambiar nuestros conceptos del espacio y del tiempo. Debemos aceptar que el Tiempo no está completamente separado e independiente del Espacio, sino que por el contrario, se combina con él, para formar algo llamado"Espacio-Tiempo".

El Universo es dinámico, en expansión constante (hasta ahora). En 1964, Hawking & Penrose, demostraron con elegancia matemática (no me pregunten como), cómo la Teoría General de la Relatividad de Einstein, implicaba que el Universo debía tener un principio y por lo tanto un final. ¿Obvio?. No tanto si nos ponemos a pensar un poquito.

Si se mira al cielo en una clara noche sin luna (no en Guadalajara cuates!); Los objetos más brillantes que ve uno, son los planetas ; Venus, Marte, Júpiter y Saturno. También se verá a un gran número de estrellas, que son como nuestro Sol, pero situadas a mucho más distancia de nosotros, y veremos las constelaciones; Orion, Osa Mayor, Osa Menor, Casiopea, Dracus, Aquila, Cygnus, etc.Y nos maravillaremos con la esplendidez de nuestra propia galaxia; la Vía Láctea. Algunas estrellas llamadas fijas; Sirio (la más brillante), Betelgeuse, Antares, Arcturus, etc. cambian de hecho muy ligeramente en sus posiciones con respecto de otras cuando la Tierra gira alrededor del Sol. Otras como “El Triángulo de Verano”formado por Vega, Altair y Deneb, son muy útiles para la navegación con sextante, porque aparecen temprano antes de que el horizonte vespertino desaparezca. Por cierto Deneb es una superestrella gigante, 60,000 veces más brillante que nuestro sol y un billón de veces más lejos, (quién la quiere más cerca, ¿No?). De hecho la estrella más cercana a la Tierra es Alfa Centauro, que se encuentra a unos cuatro años-luz de nosotros, (su luz tarda 4 años en llegar), unos 37 billones de kilómetros de distancia! Para captar la magnitud de estas distancias, digamos que nuestro Sol está a sólo 8 minutos-luz de distancia, y recordaremos la cancioncilla: ”Si yo te bajara el sol, quemadota que te dabas..., ¡habas!”.

La imagen moderna de nuestro universo, se modificó apenas en 1924, cuando el astrónomo norteamericano, Edwin Hubble (honrado actualmente con el primer telescopio en órbita), demostró que nuestra galaxia no era la única, y que todas giran y son circulares espirales o elípticas. Esto ha conducido a la hipótesis de que el Universo, es redondo, o circular. Y que el Espacio y el Tiempo, también lo son!

Consideremos una reflexión más si me lo permiten y no los he aburrido a morir (prematuramente). La observación moderna del Espacio y nuestro Universo, muestran sin lugar a dudas, que existe, una gran cantidad de materia (antimateria y “materia obscura” también) y una mucha más cantidad de espacio y energía; Estrellas gigantescas que explotan, Gigantes Blancas y Rojas, Quasares, Pulsares, Supernovas, Estrellas Enanas de neutrones superdensas y “Agujeros Negros”, cuya fuerza gravitacional impide que emitan cualquier tipo de energía o luz. Sin embargo actualmente este concepto ha cambiado con las novedosas observaciones de los

Telescopios Orbitales que aprecian Agujeros Negros de forma discoide emitendo enormes cantidades de energía luminosa y gamma en su centro: También existe una gran cantidad de Polvo Interestelar, Nebulosas, Asteroides y objetos varios (las chanclas de algún astronauta, sin duda), así como estrellas que han dejado de existir (explotaron), hace billones de años y cuya luz ¡apenas nos está llegando! Por lo que de hecho, cuando el hombre escudriña al Cosmos, ¡actualmente está observando el pasado! Lo que nos hace pensar que el Universo en expansión, se contrae, se dilata, explota y se comprime y vuelve a explotar, alternativamente a magnitudes inconmensurables, desde sus inicios en el "Big-Bang". Y que sea cual fuere su destino final, si es que éste existe, probablemente nunca tuvo un principio y nunca tendrá un final y el famoso Big-Bang, no es sino un periodo cíclico más en el devenir interminable del tiempo, que se repite a sí mismo; "Big-Bang/Big-Crunch", constantemente.

¿Qué les parece? Pone a bailar la mente, no? Un Universo oscilatorio, pulsátil, palpitante, vivo, que es nuestro Creador, nuestro origen y también nuestro fin, o sea, en mi concepto; Dios Omnipotente.

¿Qué les parece? ¿El Tiempo y el Espacio, son compresibles, expandibles, o comprehensibles?

(Aplican restricciones) -No quitar el Tiempo-

Doccis

2. EL AMBIENTE EXTERNO

"The Tempest" (William Shakespeare*)*

"All hail, great master, grave sir, hail!" I come to answer thy best pleasure, be't to fly, to swim, to dive into the fire, to ride on the curl'd clouds, to thy strong wind. Perfom'd to point the tempest, I bade thee!"

"La Tempestad". (W. Shakespeare)

Todos saluden gran maestro, grave señor, saludos! Vengo en respuesta a su mayor deseo, sea; volar, nadar o sumergirse en el fuego, cabalgar las rizadas nubes, en su poderoso viento Realizado a punto de la tempestad que les ofrezco!".

Parece obvio ¿no? Pero no es lo mismo estar en la cubierta de un velero del siglo XIV, *"riding the curled clouds to thy strong wind",* Que *"Sentado en una tabla como un archiduque, por el breve sesgo d'este anchuroso río, por el que en breve saldremos al mar dilatado?"* como decía Don Quijote a su fiel escudero en su genial obra, Cervantes.

El espacio y el tiempo tienen muchos recovecos (hay para todos). Y eso condiciona todo lo que nos rodea, o sea en pocas palabras (¿pocas?), nuestro Medio Ambiente. Que no tiene nada que ver en realidad con que; "vamos a echarnos unos tequilitas, para medio ambientarnos".

Vamos, hasta existe una Secretaría de Estado aquí en México, dedicada en cuerpo y alma a dizque mejorar el medio ambiente (la intención es magnífica, pero esperemos que esté a la altura de su presupuesto).

En Medicina separamos y estudiamos dos aspectos: El Medio Ambiente-Interno, (de la piel hacia adentro), y el M.A.-Externo, (de la piel hasta donde tope). Los dos son muy importantes y están interrelacionados. Hablemos del M.A.-Externo si me lo permiten.

Lo más importante es la Atmósfera, ésa bendita capa de moléculas y elementos químicos que nos rodea y gracias a la cual existe vida en nuestro planeta. Cuando los astronautas salen al espacio exterior y observan la Tierra, todos sin excepción se maravillan con su aspecto, tan hermosa, una gran esfera brillante, blanca azulada y con cambiantes diseños atmosféricos y terrestres, ¡Es preciosa, nuestra casa!

La Atmósfera; ¡Puro Gas!, (¡Hay que darle gas!), o sea moléculas dispersas, separadas unas de otras por sus propiedades físicas, que dicen (según Boyle&Mariotte); "El volumen de un gas es inversamente proporcional a la presión a la que está sujeto" (¡Ah qué Boyle, estaba medio Mariotte, no?) pero no terminaron ahí, el genial Gay-Lussac, también relacionó la temperatura de los gases a su volumen y densidad. Estas benditas moléculas de aire, son además mezcla (un coctelito), de otros muchos elementos; el más abundante es el Nitrógeno (N2), que también curiosamente es muy abundante en los tejidos vivos, el N2 gaseoso, compone el 78% del aire seco, el Oxígeno(O2), el amigo de todos (y enemigo también)el 21%, Argon 1%, Vapor de agua entre el 0.1 y 4% y mucho más en ocasiones y lugares, Bióxido de carbono aprox. 0.3 %, Monóxido de carbono (el letal enemigo), Xenón, Helio, Freon, Radon, y otros en cantidades minúsculas, habrá que agregar cantidades variables de Metano, Bióxido de azufre, Ozono (O3), Cloro-Fluorocarbonos y otros muchos contaminantes que producen el llamado "Efecto Invernadero", porque bloquean el paso de la luz solar y atrapan la radiación ultravioleta y la radiación calórica de la superficie terrestre. Agreguémosles, (si me lo permiten), una enorme cantidad de materia sólida, una verdadera capa densa de partículas pequeñas de; Sílice (arena), Carbono (ceniza), tierra, (material orgánico e inorgánico) y muchísimas substancias y cosas que arrojamos al aire (todos, humanos, animales y vegetales) y que varían desde compuestos útiles hasta residuos muy peligrosos.

Todo lo anterior tiene un destino común, nuestros pulmones, agallas o branquias, ¿todos respiramos no?, de modo que todos tenemos responsabilidad al respecto, sobretodo los humanos que dizque "pensamos", ¿no?

Bueno, esta atmósfera bendita, esta gran masa de gases y materia forma una capa más o menos uniforme alrededor de la tierra con un grosor que supera los 100 Km. de altura (incluyendo la "troposfera y la "estratosfera"). Esta capa nos protege y cobija, nos alimenta y nos tortura y forma parte muy importante de la llamada "Biosfera" De hecho tenemos; "Litosfera" o sea la parte sólida de la Tierra desde su núcleo ígneo de Hierro y metales pesados, hasta la "corteza" de minerales y compuestos inorgánicos y orgánicos menos densos y pesados y también la "Hidrosfera", que es Agua líquida, sólida y gaseosa y que cubre casi 4/5 partes de la superficie terrestre, con profundidades de hasta 8 Km. Nosotros los seres vivos estamos como"sandwich", entre esas capas.

El ciclo del agua, del nitrógeno, del carbono, entre estas capas, es lo que fundamentalmente mantiene la vida. La atmósfera que nos parece tan natural e insignificante, nos protege de la gran cantidad de materia espacial: Meteoritos, Asteroides, Cometas, y rocas varias, polvo interestelar, (que no tiene nada que ver con "echarse un polvo") porque la fricción que se produce cuando estos materiales se introducen (sin permiso) en nuestra atmósfera, los incinera casi en su totalidad, sin embargo algunos pueden llegar a colisionar con la Tierra y de hecho lo han hecho y lo harán con furia sumamente destructiva y podrían hacernos la "vida imposible", en más de un sentido, si no nos ponemos "las pilas", Se calcula aproximadamente que 100 millones de meteoritos son atrapados por la gravedad de la Tierra y son consumidos (incinerados) por la atmósfera ¡cada día! A éste respecto, el único país que en la actualidad, tiene un programa serio científico-tecnológico, destinado a estudiar y protegernos de tal eventualidad, que podría ser un verdadero "Armaggedon" y el "Fin del Mundo", son Los Estados Unidos de América, ("El Impeerio" de Hugo Chávez)

Además, como si fuera poco, la bendita atmósfera, el magnetismo terrestre y la capa de ozono nos protegen de la radiación solar e interestelar, que nos envía rayos cósmicos, gamma, ultravioleta y radiación (microondas) suficientes como para incinerar todo tipo de vida terrestre, el famoso "Cinturón de Van Allen", escudo magnético que nos rodea y protege.

Aparentemente, es difícil imaginarse el "aire", como algo sólido y pesado (ni siquiera se vé), pero como todo gas, está en constante actividad molecular y ejerce una fuerza que tiende a separar sus moléculas constantemente y lo único que le impide dispersarse al espacio exterior es la fuerza de gravedad de la Tierra, y se mantiene como "nuestra" atmósfera, por la interacción de tres fuerzas; la difusibilidad de los gases que la componen (presión gaseosa), la fuerza centrífuga producida por la rotación terrestre y la fuerza de gravedad de la misma. Como quiera que sea, esa masa de aire ejerce, con su peso, una fuerza más sobre la superficie de nuestro planeta; la "Presión Atmosférica". Hace más de 400 años, Torricelli, determinó su magnitud al inventar el barómetro, invirtiendo una columna de mercurio, sobre un vaso con el mismo mineral y midiendo su altura; 76 cm. equivalente a una columna de agua de 10 mt de altura, 760 mm Hg. (Atm, Bar, Braza o fathom), ésta presión ejercida sobre todos los materiales terrestres equivale (a nivel del mar) a 1033 gm/cm 2., aproximadamente 17,000 Kg en un hombre mediano de 70 Kg, que no nos aplasta como "tlaconetesapesadumbrados", debido a el equilibrio de nuestros líquidos y gases internos con dicha fuerza, (¿increíble?, pero cierto). Sin embargo, esta presión atmosférica, de ninguna manera es constante, y está en continuo cambio, fluye constantemente, produciendo vientos desde el suave céfiro matutino, brisa tropical romántica, hasta el más temible huracán, ciclón o mortal tifón. Continuamente varía de acuerdo a la rotación de la tierra , las variaciones de temperatura, las interacciones con la masa de agua de los océanos, su temperatura, salinidad y composición, la actividad volcánica y los fenómenos geológicos, como la movilidad de las "placas tectónicas" de la Tierra., así como por las variaciones del magnetismo terrestre. Este último mecanismo es de suma importancia, y merece un breve comentario; El centro ígneo terrestre (la Tierra no se ha enfriado totalmente aún), está compuesto de los metales más pesados que existen, en nuestro caso fundamentalmente Hierro; las capas geológicas sucesivas de la tierra, sujetas a la rotación del planeta, tienen diferente densidad y el centro(más duro), se mueve más rápidamente, la fricción entre estas capas, produce una inmensa carga eléctrica, como un generador gigante, esto a su vez produce un inmenso campo magnético, con su respectiva polaridad (+-)Norte y Sur magnéticos, que no corresponden exactamente geográficamente, y que además varían de localización con cierta frecuencia, y como si fuera poco además, han variado e invertido su polaridad en algunas épocas, como atestiguan recientes estudios de la Historia Geológica de la Tierra. Y esto increíblemente podría suceder otra vez con consecuencias catastróficas para todos nosotros.¿Porqué?, ¿Cuáles consecuencias? No me pregunten a mí, yo sólo sé que no sé nada (Sócrates).

Hoy en día, existe una grande preocupación por "El Cambio Climático", "El Calentamiento Terrestre", "El Efecto Invernadero". Y todo esto está tan de moda, que existen movimientos "conservacionistas" muy intensos, muy populares entre los países desarrollados y sobretodo entre la "Gente Bien" "De Avanzada" o "Culta", como lo son los multimillonarios grupos musicales de "Rock", personalidades del mundo social y del espectáculo, que bien intencionados (¿sin duda?), organizan magnos conciertos y espectáculos costosísimos, para "hacer consciencia " sobre el fenómeno. Yo no sé si tales esfuerzos sean capaces de alterar esos peligros para la humanidad que tiende a destruirse a si misma (como un niño jugando con pólvora). Yo opino, que muy aparte de los obvios peligros que la alteración insensata del medio ambiente por nuestras sociedades humanas. La Historia Geológica de nuestro planeta, muestra periodos catastróficos varios (cambios climáticos incluidos), como: fenómenos tectónicos increíblemente poderosos, glaciaciones increíblemente extensas (capa de hielo polar hasta paralelos 40 o 45!). Elevaciones inmensas del nivel oceánico, cambios tremendos de la temperatura terrestre, desaparición de especies animales y vegetales diversas y otras cosas lindas que han sucedido en épocas pasadas. (antes de que el hombre hiciera su dramática y solemne aparición en la Tierra). O sea; ¿Quién consumía excesivamente combustibles fósiles entonces?, ¿quién fumaba?, contaminaba, producía plásticos, tiraba basura y toda esa "merde", a la que los iluminados "ecologistas" y conservacionistas" de GreenPace, tanto aluden?...

No quiero decir con esto, que no existe el problema, las causas son múltiples, y cambian constantemente. Mi posición es que está mal enfocada la búsqueda de soluciones. La Ciencia Moderna actual está muy seriamente preocupada y comprometida con la búsqueda de soluciones, pero increíble y tristemente, no está siendo apoyada política y económicamente, de manera global por todas las naciones, sobre todo, las más desarrolladas y poderosas económicamente. ¿Por qué? ¡Pos sabe! (dijo el borrachito, cuando le preguntaron porqué tomaba tanto, será porque todavía "semos muy pendehos", y el juez le dice: "Semos" nó!; Sómos, "¿Ah, usted también señor Juez?", contestó el alumbrado).

Yo creo que el fenómeno es sumamente complejo y que tiene un trasfondo político y educativo mayúsculo, hay demasiada ignorancia, demasiado odio, demasiada mala voluntad entre los diferentes grupos étnicos y sociales, una grave división y enfrentamiento entre los diferentes países, grupos sociales, ideológicos y religiosos. Existe además una severa falta de consciencia, conocimiento y respeto hacia los fenómenos naturales que propician el famoso equilibrio ecológico de nuestra biosfera.

También opino que solamente cuando sea posible tener un auténtico "Gobierno Mundial", o cuando menos una agrupación sólida, generosa, socialmente comprometida y fundada en el conocimiento científico más avanzado del planeta, una verdadera "Sociedad de Naciones"(no la inútil, obsoleta y políticamente corrompida ONU), formada por las naciones más poderosas, y desarrolladas, a las que se podrían ir agregando paulatinamente las demás naciones, de acuerdo a su desarrollo político, económico y social. En donde se respeten estrictamente la Justicia Social (& otherwise), Los Derechos Humanos, la Libertad y la Democracia. Entonces podremos pensar que el deterioro ambiental de nuestro amado planeta, así como el establecimiento de un orden social y económico más justo, sea una realidad. Y podamos nosotros los "Betabeles" y sus sucesores, volver a disfrutar de el maravilloso espectáculo de un avasalladoramente hermoso crepúsculo, que creemos merecer, aunque no hemos hecho todavía, nuestra personal tarea.

3. EL FACTOR GENÉTICO Y HEREDITARIO

"No lo hurtas, hijo mío; Lo heredas".
María Luisa Martínez Del Angel, (1906-1949)
(Mi Madre, mi Primer Amor).

El desarrollo de un individuo depende de las influencias interactivas de factores genéticos y ambientales. La composición genética de un individuo o "Genoma", queda establecida en el momento de la concepción. Es decir; nuestro "destino" genético queda decidido e impreso para siempre, en el glorioso (y agradable momento) en que nuestros padres decidieron unir sus células germinativas (benditos sean).

Posteriormente, una interacción compleja entre los genes y el medio ambiente (interno y externo), modela nuestro desarrollo, y aunque los genes permanecen, la mayor parte del tiempo inalterado, las experiencias ambientales, presentan un cambio constante, e incluso pueden alterar el genoma mediante "mutación", o alteración hereditaria o nó de un gen.

Es probable que en casi todas las enfermedades y problemas del desarrollo, se encuentre algún componente genético, pero el grado en que éste interviene es variable. Por ejemplo se considera a todas las enfermedades bacterianas como genuinamente ambientales, sin embargo, los varones presentan una susceptibilidad algo mayor que las féminas (por razones desconocidas). Pero en el Síndrome de Down y la Fenilacetonuria (enfermedad que se debe a la presencia de cantidades anormales de Fenilalanina y que produce retraso mental), se deben a defectos genéticos específicos y el medio ambiente desempeña un papel relativamente pequeño. Entre ambos extremos se encuentran numerosos procesos en los que se registra una interacción entre los factores genéticos y ambientales y que pueden ocasionar defectos congénitos o alteraciones metabólicas diversas.

Los genes (moléculas de ADN), son las unidades básicas de la herencia. La capacidad del ADN para replicarse, constituye la base de la transmisión hereditaria. El ADN también proporciona el código genético que determina el desarrollo y el metabolismo de las células al controlar la síntesis del ARN (ácido desoxirribonucleico) mensajero. El orden secuencial de los componentes de éste ácido, determina la composición y el orden de los aminoácidos (moléculas básicas) de las proteínas, lo que en consecuencia determina su funcionamiento y el de las células que constituyen el organismo.

Los cromosomas, estructuras en forma de bastón, formadas de cromatina, en el interior de los núcleos celulares, alojan a muchos miles de genes (más de 50,000 en cada locci). En la especie humana, normalmente cada célula somática (no germinativa o reproductiva), contiene 46 cromosomas dispuestos en 23 pares; Un par, los cromosomas sexuales determinan el sexo del individuo, la mujer tiene 2 cromosomas X en cada núcleo celular somático, pero el varón tiene sólo uno X y otro Y (incompleto y más pequeño), lo que los hace "heterólogos", ambos transportan información necesaria para generar las características sexuales del individuo adulto. Los restantes 22 pares de cromosomas (44), los autosomas son homólogos puesto que son idénticos, y contienen numerosos "locci"(sitios para genes), cada uno con características diferentes y que son los que almacenan toda la información necesaria para el desarrollo específico de cada individuo de cada especie y su herencia somática, así como sus tendencias de desarrollo futuras, que podrían determinar que tendencias existen para el desarrollo de ciertas enfermedades o procesos degenerativos y también que aptitudes y capacidades físicas así como intelectuales podría tener tal sujeto, su futuro crecimiento y desarrollo, su Código Genético.

Los genes se disponen linealmente a lo largo de los cromosomas, en numerosos locci y pueden ser homólogos como en el caso de la mujer, o heterólogos como en los hombres, es decir idénticos o desiguales, y cuando estas células germinativas (óvulo o espermatozoide), maduran, se dividen por la mitad para que durante la fecundación, al unirse complementen la carga genética del nuevo individuo. Los restantes 22 pares de cromosomas se denominan autosomas homólogos ya que ambos miembros de un par son idénticos. Cuando un óvulo maduro es fecundado simultáneamente por dos espermatozoides de un mismo individuo, resultará un embarazo gemelar homocigótico o univitelino (una sóla placenta), que tendrá carga genética casi idéntica (no absolutamente ya que los espermatozoides no lo son, aunque sean de un mismo individuo), En el caso en que dos óvulos(o más), estén disponibles para la fecundación, puede darse el caso de embarazos múltiples simultáneos, es decir gemelares-fraternos (heterocigóticos). Los genes son; dominantes cuando ejercen su efecto, aunque esté presente en un solo cromosoma y recesivos cuando está presente en ambos miembros de un par.

La herencia cromosómica, puede transmitirse genéticamente mediante tres tipos de procesos: Cuando está determinada por el efecto de un solo gen, se denomina Herencia Mendeliana (en honor al sabio Johann Gregorius Mendel, religioso y botánico 1860), y produce fenotipos (características somáticas) claramente identificables, como; raza, color de piel, ojos, estatura, o enfermedades definidas genético-hereditarias. O pueden ser debidas a procesos que involucran numerosos genes además de otros muchos factores ambientales externos que se denominan poligénicos o multifactoriales, y que son las más comunes. Además pueden existir otros tipos de anomalías cromosómicas (cromosomas anormales o defectuosos) o en diferente número, como en la Trisomía 21 (Síndrome de Down), en donde existe un cromosoma anormal extra en la posición 21.

También pueden existir mutaciones genéticas individuales, algunas bien estudiadas y reconocidas, como las debidas a radiactividad, otras formas de energía, agentes químicos, radicales libres, superoxidantes y otras de origen no determinado y que consisten en afectaciones posteriores de los genes con efectos teratogénicos, distorsionantes o deformantes (de *teratyos; monstruo),* pero también a cambios genéticos favorecedores del desarrollo evolutivo que adaptan a los individuos a su entorno ambiental, propiciando la sobrevivencia de los más aptos. Espero que nosotros los "Betabeles", hayamos caído en la segunda categoría, aunque algunos seamos medio "monstros".

La información genética que conllevan los cromosomas, puede transmitirse a las células hijas de dos formas; mediante "Mitosis", o sea dividiéndose exactamente a la mitad, con todo su material genético (clonación) y creciendo para formar tejidos, órganos y sistemas, de un espécimen, en cuyo caso todas tendrán idéntico código genético. Pero cuando ésta información debe ser transmitida a otro individuo de la misma especie, el proceso se denomina "Meiosis", cuando la mitad de la carga cromosómica de una célula germinal se adhiere a su contraparte de otro individuo, produciéndose múltiples combinaciones de genes y un individuo completamente nuevo y diferente, con características físicas únicas e irrepetibles, inclusive entre hermanos consanguíneos(de los mismos padres), las posibilidades de que tengan idéntico arreglo cromosómico-genético es de 1:2 a la 23 potencia, ¡o sea 1 en 8.4 millones!

Existen más de 90 enfermedades hereditarias severas de origen genético reconocidas (y cada vez se identifican más), sin contar con las múltiples alteraciones genéticas que conducen o facilitan desórdenes patológicos diversos, que van desde la susceptibilidad a las alergias, hasta el cáncer, las enfermedades crónico-degenerativas (Artritis, Diabetes tipo

II),Várices, Aterosclerosis, y múltiples trastornos mentales; Esquizofrenia, Estados Maniacos y cerebrales como; Huntington, Alzheimer, Parkinson, Esclerosis Múltiple, etc.

El Genoma haploide humano (la carga cromosómica de una célula germinal madura, 23 cromosomas), contiene aproximadamente 3 billones de pares básicos de DNA que se estiman contener de 30.000 a 100,000 genes cada uno. Cada individuo hereda una copia del genoma de cada padre y cada madre, respectivamente. Si fuera posible imprimir una copia con la información genética de un sólo filamento del genoma haploide, se llenaría un texto de más de 50,000 páginas, (más o menos7.5 veces el directorio telefónico de Guadalajara (+3.5 millones de habitantes) incluidas las páginas amarillas!).

Con la reciente determinación y codificación del Genoma Humano, en el cual se detalla el mapa genómico humano se identifican y clonan (en YACs, cromosomas de levadura), toda la secuencia nucleótida del haploide genómico humano. Se han descubierto nuevas técnicas para cultivar genes, e identificar aquellos que caracterizan muchas enfermedades crónico-degenerativas como Diabetes I, Artritis Reumatoidea, Aterosclerosis, Alzheimer, etc. Así como en el diagnóstico y tratamiento de muchas formas de Cáncer y Enfermedades Autoinmunes. Este genial desarrollo, también abre grandes esperanzas para que la Medicina pueda intervenir directamente en la génesis de los procesos patológicos, en su prevención y en su tratamiento en cualquier época de la vida. También abre esperanzas en lo referente a la comprensión del Proceso de Envejecimiento Celular y Tisular y en su manipulación. Nosotros, los Betabeles que se respetan, esperamos que se apuren, que se den prisa y que no la vayan a "regar", produciendo una elongación insensata de la vida humana, que finalmente produzca; "MonstrosViejos", que perduren hasta "quén sabe" cuando, que atosiguen y atormenten a las nuevas generaciones, que también tienen derecho a su "turno al bat", así como a la renovación y desarrollo de nuevas ideas. Caso muy diferente sería, si nosotros mediante estos avances pudiéramos contribuir (con nuestro "granito de arena") y ser parte del desarrollo armónico e inteligente de las sociedades humanas. ¿No creen?

4. EL IMPACTO EMOCIONAL Y CULTURAL

"El Optimismo; es una actitud que evita que la gente caiga en la apatía, la desesperanza o la depresión ante la adversidad. Siempre y cuando sea un optimismo realista, un optimismo ingenuo suele ser catastrófico".
(Daniel Goleman, "La Inteligencia Emocional"1955).

Bien por Danielito (el hombre del gol!). En su genial obra, relata la experiencia de un amigo de vacaciones en Inglaterra, que después de desayunar a orillas de un canal, bajó a éste y observó a una muchacha, que miraba aterrada hacia el agua, y que él súbitamente sintió el impulso de saltar al agua, sin saber porqué y al hacerlo se dio cuenta de que un bebé estaba flotando cerca ¡y pudo salvarlo! ¿Qué lo motivó a tal acción sin pensar previamente? Le Doux atribuye tal mecanismo a la función de una pequeña zona del encéfalo, La Amígdala Cerebelosa. Esta pequeña estructura situada en la base del cerebro, por detrás del Tercer Ventrículo, de la Protuberancia y del Bulbo Raquídeo y en relación contigua al Tálamo Óptico, es una estructura en forma de almendra o "racimo almendrado", es un órgano bilateral, al que anteriormente se le atribuían únicamente funciones de coordinación de los músculos de la cara, y acentuación de los reflejos musculares asociados al miedo, o al enojo. El Hipocampo, otra región basal del cerebro medio y la Amígdala, o Tonsila, forman parte del primitivo cerebro"nasal", que en la evolución dio origen a la neocorteza o "cerebro pensante", subsiste en muchas especies inferiores, con poco desarrollo de la corteza cerebral. Estas estructuras "límbicas", se ocupan de la mayor parte del aprendizaje y el recuerdo cerebral, por lo que la Amígdala, el Tálamo y el Hipocampo, son los rectores de los procesos emocionales, su lesión puede resultar de hecho en varias formas de "ceguera afectiva". La Amígdala actúa como depósito de la memoria emocional y una lesión de ésta estructura puede condicionar una vida despojada de sentimientos personales, y aunque es prematuro afirmarlo, sus alteraciones pueden ser una causa contribuyente al Síndrome de Autismo. Desde el punto de vista convencional; Los órganos de los sentidos; ojo, oído, olfato, tacto y propioceptivo (posicional y orientación espacial), cuyos centros neuronales están, en inmediata cercanía, envían señales al Tálamo y de ahí a zonas de la neocorteza en donde son procesadas, formando imágenes complejas y "sensatas"(que hacen sentido al cerebro), reconocidas, comparadas con información previa, interpretadas y finalmente tomada una decisión referente a qué hacer o cómo actuar. El proceso puede acortarse de acuerdo a las investigaciones recientes de Ledoux, "cortocircuitando" la corteza y produciendo una "Respuesta Emocional", más directa y más rápida. Claro, esto puede ser beneficioso, o todo lo contrario, de acuerdo al nivel de información y entrenamiento previo de estas estructuras cerebrales. Esto significa que el cerebro posee dos sistemas de memoria, uno para los datos intelectuales (sensatos) y otro para los que poseen carga emocional, y cuando mayor sea ésta, más rápida e irreflexiva será la respuesta, la que podría consistir en una genialidad, un acto heroico, o también un insensato acto criminal, o absurda reacción, de acuerdo al substrato personal moral e intelectual.

Parece claro que tenemos varias clases de Inteligencia, algunos autores mencionan más de diez., pero para propósitos prácticos, podemos mencionar; La Razonada (procesada por los centros neocorticales) y la Emocional (procesada por los centros Límbicos basales). Además investigaciones basadas en exploraciones cerebrales con técnicas de PET (emisión de positrones), RNM (resonancia nuclear magnética), TAC (tomografía axial) y otras, muestran el predominio de las funciones de tipo afectivo y emocional (como habilidades artísticas y creativas) en la corteza prefrontal derecha y lo opuesto en las funciones más intelectuales y razonadas (como el cálculo matemático y el pensamiento filosófico), predominan en la neocorteza izquierda.

Como quiera que sea, las facultades intelectuales que procesan nuestras emociones, son vitales para tener una vida satisfactoria, socialmente adaptada, útil y exitosa. Infortunadamente nuestros sistemas educativos, no le han dado la importancia que merece, aparte de la educación artística, psicológica y moral. Por lo que es necesario darle atención, y "reeducarnos", para establecer normas conductuales y de reacción emotiva que mejoren nuestra calidad de vida y podamos ser más influyentes y así ayudar a las personas que nos rodean, lo que es una obligación moral más. ¿Cómo hacerlo? es un proceso complicado, pero nosotros los "Betabeles", poseemos la experiencia de vida necesaria, (si la sabemos analizar y aprovechar), para ponerla en práctica. Es necesario autoanalizarse (espejearse) y acentuar nuestras cualidades afectivas promoviendo la compasión, la empatía y la auténtica preocupación hacia los problemas ajenos. Ayudaría notablemente el involucrarnos en proyectos altruísticos, creativos, artísticos o simplemente divertidos, en beneficio de personas que puedan necesitarlo, (como nosotros mismos).

Mencionaremos algunos trastornos afectivos más comunes, también llamados "Trastornos de Humor", que suelen afectar a nuestros contemporáneos:

La Tristeza y la Alegría, forman parte de la vida diaria y deben diferenciarse de la Depresión Mórbida y de la Manía. La Tristeza o depresión normal, es una respuesta humana (aunque algunos animales también la manifiestan); al fracaso, al dolor, al sufrimiento, la decepción y otras situaciones que juzgamos adversas. Las respuestas sanas suelen ser adaptativas (para "digerir" o aminorar el "golpe"), o pueden ser reactivas combativas o aún agresivas y muchas veces insensatas, sobretodo cuando no podemos hacer nada para cambiar la situación. Conviene reflexionar, que en prácticamente todo lo que nos pasa y que juzgamos desagradable o infortunado, tenemos un cierto grado de responsabilidad (a veces total), y que además si tuvimos la suerte de sobrevivir y la oportunidad de aprender los mecanismos del daño y prevenirlo, (cuando esto sea posible) y si no es así, cuando menos tendremos una anécdota más en nuestra historia de la cual podamos reírnos cuando las lágrimas se sequen ("*And then when tears subside",* Sinatra, por supuesto).

El Duelo, o tristeza depresiva ante la pérdida de un ser querido, requiere ser analizado en toda su dimensión, comprenderlo, aceptarlo y ventilarlo adecuadamente (no reprimirlo), pero si evitar que se convierta en depresión mórbida y autodestructiva. Paradójicamente en ocasiones el duelo o situaciones de extrema tristeza, tienen respuesta eufórica (alegre), que puede substituir al dolor por la pérdida, como un mecanismo de defensa hiperreactivo, esto a veces se presenta en personas moribundas con periodos de lucidez y alegría inusuales y también en aquellas personas que necesitan emprender acciones sobrehumanas, frente a una dureza de la vida poco habitual. Sin embargo, en individuos predispuestos, estas reacciones pueden ser preludio de un estado Maníaco clínicamente importante.

La Depresión y la Euforia, son manifestaciones emocionales normales reactivas a los sucesos de la vida, que nos producen tristeza o alegría y eso todo el mundo lo comprende y lo experimenta, pero cuando, éstas reacciones se manifiestan de manera exagerada, se producen síndromes clínicos (síntomas y signos físico-mentales reconocibles), como la Depresión Mórbida severa, Melancolía aguda y otros, los estados Maniacos, el Síndrome Bipolar y La Psicosis Maniaca que trastornan la personalidad a veces de manera muy severa y que además pueden ser vectores desencadenantes de un sinnúmero de enfermedades severas, como presumiblemente el Cáncer, la Hipertensión Arterial, Arteriosclerosis, y varias enfermedades autoinmunes, como la Artritis Reumatoidea, Lupus, o degenerativas como Parkinson, Esclerosis Múltiple y posiblemente también Alzheimer o Esquizofrenia (¿?). Sus mecanismos neurohumorales oscilan entre interacciones limbo-diencefálica (centros cerebrales medios y basales), y son mediadas por neurotransmisores como acetil-colina, dopamina, serotonina, cortisol y otros, sus exactos mecanismos son sumamente complejos y en gran medida desconocidos. En el trastorno Depresivo, que es tan común en nuestra escala temporal, es importante reconocer sus síntomas "larvados", que es cuando son más susceptibles al tratamiento médico y psicológico. Estos incluyen; Apatía, falta de interés en los sucesos diarios de la vida, Tristeza continua o consetudinaria (frecuentemente matutina), La persona no quiere levantarse de la cama aunque no tenga sueño, a veces Hipersomnia (dormir más de 12 o 18 hs seguidas), Insomnio total o parcial, Anorexia (pérdida del apetito), desinterés sexual o impotencia (¡En personas jóvenes, no la amueles Doccis!), a veces llanto inexplicable y a veces incapacidad para llorar, la persona dice: "se me secaron las lágrimas", y se torna grave cuando la persona manifiesta deseos de morir, tiene alucinaciones macabras o francas tendencias suicidas. Existen bases genéticas-hereditarias en estos trastornos, pero también pueden manifestarse en personas de toda edad y sexo, aunque predominan las mujeres (¿Castigo Divino?) y son muy comunes en personas mayores de 60 años.

El tratamiento y manejo de los estados depresivos, debe ser multifactorial, es necesario poner atención a los varios fármacos que tomamos los betabeles (a veces parecemos "farmacia ambulante"). Algunas enfermedades crónicas presentan también estados semejantes como el Hipotiroidismo, Insuficiencia Renal, Cáncer y varios estados demenciales y degenerativos cerebrales también. La evaluación médica integral es indispensable, la asistencia psicológica y a veces psiquiátrica es a veces mandatoria. El tratamiento farmacológico moderno es frecuentemente muy eficaz, sin embargo es necesaria, la asesoría profesional competente, ya que los fármacos tienen frecuentemente reacciones adversas severas.

Por lo pronto diré que a nosotros los Betabeles experimentados, nos "hace los mandados la maldita Depre". El ejercicio físico y mental, la música, el optimismo desbordado, la aceptación de nuestro personal destino, la solidaridad con nuestra familia, amigos, congéneres y contemporáneos, es muy valiosa y hacen milagros. Nunca hay que perder la esperanza.

"La Esperanza muere al último" (en el hombre con la mente sucia?).

5. LA FILOSOFÍA PRÁCTICA

"Philosophy involves criticism of scientific knowledge, not from a point of view different from science, but with one less concerned with details, and more so with harmony of the whole body of a particular knowledge".
-"la Filosofía involucra una crítica del conocimiento científico, no desde un punto de vista diferente del de la Ciencia, sino uno menos preocupado por los detalles y más con la armonía total de un conocimiento particular"-.

(Bertrand Russell, 1927),

La Filosofía de algún tópico, nace de un inusual intento de llegar a un conocimiento real, sostiene el laureado pensador inglés Russell (Nobel 1950). Yo no estoy tan seguro, pienso que desde el punto de vista práctico, también se hace filosofía cuando, agotadas nuestras capacidades para llegar más a fondo en un concepto, intentamos llegar a las causas primordiales (Metafísica), y tratamos de explicar el porqué fundamental de lo que ocurre en nuestro entorno, es decir buscamos las primeras causas.

En fin, filósofos hay y han existido muchos. Antes tal disciplina era el cúmulo de todos los conocimientos existentes, Platón, Aristóteles, Kant, Descartes, Spinoza y muchos otros geniales seres humanos, y muchos muchísimos otros pensadores de varios calibres, sabores y calidades. Hoy día, la profesión de filósofo es altamente despreciada y subvalorada, y todo mundo se cree filósofo cuando deja de ser útil a la sociedad a cierta edad y ha adquirido alguna experiencia (creo que esto último también incluye -modestamente- a mí persona). Ejemplo claro y distintivo lo tenemos en México con el famoso "Filósofo de Güemes", quien tiene la virtud de transformar cualquier necedad en intrascendente opinión "filosófica" (disculpen sus admiradores, es tan sólo mi opinión).

Las palabras, el lenguaje humano, es una de las características más distintivas del ser humano, y aunque no enteramente exclusivas de éste, ya que algunos animales exhiben tal facultad para comunicarse entre sus congéneres; Cetáceos como la ballena, delfines, cachalotes exhiben (consideran algunos), cualidades musicales o poéticas y todos se comunican eficazmente entre sí, las focas claramente entienden el ritmo musical, y aún animales equivocadamente considerados "inferiores" como los pulpos, muchos pájaros, las hormigas y las abejas, son capaces de comunicar mensajes bastante complejos y además tienen capacidades que consideramos "humanas"(más bien todo lo contrario), como la facultad de domesticar o esclavizar a otras especies para su beneficio.

En fin las palabras, supuestamente están diseñadas para expresar pensamientos, describir objetos, situaciones, transmitir emociones y comunicar conceptos abstractos o concretos.

Sin embargo, (iba yo a decir modernamente) reflexionando, creo que más bien "de siempre". El lenguaje es y ha sido utilizado para esconder o disfrazar todo lo mencionado atrás, y esto no tiene nada de raro o extraordinario, todos lo hacemos con más o menos fruición y libertad. Pero creo que a veces se abusa de tal facultad y nos olvidamos de que las palabras, para tener cualquier calidad comunicativa están diseñadas para tener SIGNIFICADO, o sea, deben tener un objeto y un objetivo al ser enunciadas. Esto lo observamos a diestra y siniestra en la diaria conversación moderna, y ¿Saben qué?, ¡Es enfadoso, molesto y decepcionante! Por ejemplo; si decimos; "Fulano nace, en 1874", queremos decir que nació en tal año, y si decimos; "mañana no hay pan", tenemos que interpretar que no"habrá" tal alimento, hablar en plural como los médicos;"¿Cómo estamos?", cuando sería mas adecuado decir;"¿Cómo esta usted Don Fulano?" . Trasponiendo las palabras, los tiempos y reglas gramaticales esenciales para la correcta interpretación de los significados, en aras de "adornar", el lenguaje y hacerlo más resonante e impresionativo (si me permiten la expresión); ¿Llegaremos a decir;"Mañana no hubo pan", o "Fulano habría habido nacer en 1874"? . Mi maestra de Español, dice que esto es; "Pretérito con connotación de Presente". Yo más bien creo que es obra del Movimiento Feminista, desbocado desaforadamente para confundir al "enemigo".

¡Que cada quien se defienda cómo pueda! Relatan que un burro y un león, llegaron al cauce de un río, para cruzarlo, y el león le dice al burro; "Mira, no tiene caso mojarnos los dos, tú nadas y yo voy en tu lomo y de regreso, cambiamos, ¿qué te parece?". El burro acepta, a mitad del río, el jumento se queja de las afiladas garras en su espalda y el león le dice;"¡cada quien se sostiene como puede!". De regreso, el burro en la espalda del felino y éste se queja lastimeramente;"¡Burrito, burriiito, no seas encajoso!!" a lo que el asnito replica;"¡Ni modo leoncito, cada quien se agarra como puede!".

Ni modo, lo anterior no tiene nada que ver con la "Filosofía de la Senectud", pero valga para reflexionar en el significado de lo que se intenta comunicar y el sentido con el que se hace tal cosa, en este caso reflexionar en la comunicación entre las especies dominantes.

Bien, si vamos a "comunicar" algo, que sea cuando menos apenas trascendente, diremos que al envejecer, los seres humanos, almacenamos información, a veces valiosa y a veces todo lo contrario, pero que si no la comunicamos y la transformamos en "experiencia de vida", hayan sido provechosa ésta, o lo opuesto, en cualquier situación que hayamos sobrevivido, poca importancia tendrá el tiempo que haya transcurrido en nuestro existir, de modo que; ¡Charlemos!,¡Hablemos!, expresemos nuestro sentir, no nos quedemos callados, (el que calla otorga), aunque haya a quien nó le parezca (siempre lo habrá), ni modo es nuestro sentir, tenemos cuando menos derecho a disentir y a expresar nuestra opinión, no todo lo que ocurre modernamente es necesariamente sensato, ¡Seamos críticos inmisericordes de las "novedades", que nos parezcan absurdas o intrascendentes (¡son como "chorromil"!). Si a los "cachorros" o "Mocos" no les gusta, ¡pues que aprendan... todavía están a tiempo!

Mencionaré algunas breves palabras acerca de la manera de cómo pensamos; Sin duda pensamos fundamentalmente en imágenes, pero también somos capaces de concebir ideas abstractas, y muy importantemente "imaginar" nuevas maneras de ver o hacer las cosas.

Esto último lo realizamos a través de un proceso mental denominado; Método Inductivo, que consiste en inferir que si "A" tiene semejanza con "B", y "C" es igual a "B", por lo tanto "A" y "C" deben de ser iguales o cuando menos semejantes. En este contexto, pasamos naturalmente al Método Deductivo, mediante el cual avanzamos racionalizando ambos conceptos y explicando las "razones" de sus semejanzas e identidades, asociándolas y "deduciendo" nuevas formas de pensar y actuar, ante los problemas diarios de la vida.

Sin embargo también es importante no caer en el error del Silogismo, en donde, también por asociación, identificamos y generalizamos aspectos o ideas, Por ejemplo diciendo; "Si Fulano es tonto y es asimismo indígena, por la tanto todos los indígenas son tontos", o "Todos los Políticos son rateros".

El "porqué" del envejecimiento de ninguna manera lo entendemos, como el de la mayoría de las cosas existentes, yo en lo particular prefiero, endosárselo a Dios Omnipotente la "Causa Prima" del Universo. Sin embargo podría expresar que de ninguna manera, creo que somos producto del azar o casualidad. Alguna razón misteriosa, si ustedes quieren, nos hizo existir y es nuestra misión en la vida el intentar descifrarlo, identificarlo y cumplir en lo posible los designios Divinos. ¿Qué viene después?..., no lo sabemos, pero creo que es nuestro deber, cuando menos al aproximarse el final de nuestra existencia, y aunque sea tarde, reflexionar sobre esto y esforzarnos en cumplir nuestra misión.

Asimismo es importante mencionar que al pasar los años, con cierta frecuencia, adquirimos casi automáticamente un a veces sano y a veces enfermizo rechazo hacia todo lo nuevo y moderno, y frecuentemente expresamos; "¡Ay nó, qué flojera!, todas éstas novedades son "puro consumismo", o nos parecen demasiado enredosas y no nos queremos complicar innecesariamente la vida, y ¿saben qué?, no nos falta razón del todo, pero en sentido estricto, no podemos negar que todo el increíble avance tecnológico y científico de los últimos, digamos 40 o 50 años, ha sido en verdad alucinante, y muchísimo más trascendente para la vida en éste planeta que digamos, ¡los 20 siglos anteriores!

De modo que; no nos cerremos a la realidad y procuremos adoptar las cosas modernas en su valor real, no quiere decir esto, que todo lo nuevo tenga que ser necesariamente valioso y substitutivo de lo antiguo y tradicionalmente valioso, sino que deberíamos ser críticos, pero también analíticos y abiertos de mente para adoptar aquellas cosas nuevas que tengan obvias ventajas, aunque nos parezcan muy complicadas, o a veces absurdas a primera vista.

¿Podremos en algún momento de nuestro existir, alcanzar algún grado de "Sabiduría"? ("Not very likely" dice el gringuito, "Pos sabe" Dice el rancherito). Pero alguna cantidad de conocimientos prácticos habremos alcanzado, de modo que, esforcémonos en concretarlos, sintetizarlos, darles vida y emotividad, no los dejemos almacenados pudriéndose, reciclémoslos, modernicémoslos y lancémoslos "al aire", no importa que haya a quien no le parezca o se ría de ellos, si les divierte, mucho mejor. Cuando menos no podremos decir que ¡Hemos vivido en vano!

PARTE II

EL ENVEJECIMIENTO EN ÓRGANOS Y SISTEMAS

6. EL ENVEJECIMIENTO CELULAR BÁSICO

"In Biology, senescence is the combination of processes of deterioration which follows the period of development of an organism"

"Los seres vivos han sido diseñados para reproducirse y posteriormente extinguirse, puesto que la evolución ha optado por favorecer la reproducción frente a la inmortalidad". (Kirkwood &Rose, 1991)

El envejecimiento está generalmente caracterizado por la declinante habilidad de responder al stress, incrementando el desbalance homeostático e incrementando el riesgo de enfermedades ("homeostasis" es el estado dinámico de equilibrio entre las diversas funciones del organismo que condicionan vida saludable). Senescencia celular es el fenómeno en donde las células diploides (con toda su carga cromosómica) diferenciadas normales pierden su habilidad para dividirse, éste fenómeno también se conoce como "senescencia replicativa"o "Fenómeno de Hayflick" (en honor al Dr. Leonard .Hayflick que lo describió en 1965). Esto sucede como respuesta al daño del DNA (Ácido Desoxirribonucleico) celular, que es el responsable de la síntesis de nuestras proteínas (substancias básicas de las células). En éstos casos las células o senescen (envejecen) o se autodestruyen, a éste fenómeno se le denomina "Apoptosis", o muerte celular programada, y se diferencia de la "Necrosis", que es la muerte consecutiva a un daño o agresión consecutiva a factores inflamatorios, tóxicos, traumáticos o hipóxicos (falta de oxígeno).

Bueno, las células mueren, y nosotros somos un "buti" de células (¿necesito explicar qué es buti?), a mi me parece ocioso el determinar, aproximadamente por supuesto, cuantas células tiene un organismo (excepto cuando uno es una amiba, en cuyo caso si importa puesto que una sola célula sería el 100%). De hecho somos varios billones de "unidades de vida" o células, todas ampliamente organizadas y federadas para subsistir como un solo ser, en donde todas tienen una función específica y todas se necesitan una de la otra en armonía total (ninguna se queja). Qué ejemplo para las sociedades humanas, que nos vivimos peleando, destruyendo nuestro medio ambiente y haciendo literalmente "la vida imposible".

Como se dijo anteriormente; las células mueren debido a que llegan al límite de su capacidad de replicarse o dividirse por mitosis (Límite de Hayflick). Pero también mueren antes de llegar a este ciclo replicativo, debido a agresiones tóxicas, radiación, enfermedad o daño físico (trauma). Nuevas células también se están creando continuamente y se llega a un punto de equilibrio que permite la vida y a eso le llamamos "homeostasis". Al proceso por el cual el número de células muertas o inservibles sobrepasan al número de células útiles, a través del tiempo, se denomina"Envejecimiento". De modo de que si de alguna manera bloqueamos, el crecimiento de nuevas células, envejeceríamos rápidamente. Esto se observa claramente en la "Progeria" (enfermedad de Hutchinson-Gilford), en donde existe un gene que impide la producción del DNA necesario para la producción de nuevas proteínas celulares y por consiguiente la persona envejece rápidamente, (tiene arrugas a los pocos meses de edad; Calvicie, Artritis, Cataratas, Osteoporosis, Aterosclerosis en la niñez y ¡muere de "edad avanzada" antes de su quinceavo aniversario!

En este sentido, el revertir el proceso de envejecimiento, es aparentemente obvio; Nada más necesitaríamos tomar unas células de cada tejido vital de nuestro organismo (aprox. 100 células), clonarlas haciendo millones de copias idénticas y reintroducirlas en los tejidos de donde las sacamos (ya tenemos la tecnología necesaria), ¡Sí Chucha!, qué fácil, no? No olvidemos que el Límite de Hayflick existe, y que además las células tienen en sus cromosomas unas prolongaciones, colas o brazos, que se denominan "telómeros"y que son actualmente la medida por la cual las células se replican naturalmente, actualmente dichos telómeros determinan el límite de

Hayflick o sea la cantidad de veces que una célula se puede replicar. A esto también se le ha denominado "el Reloj Biológico Celular". Esto es en realidad un hecho comprobable y no nada más en lo referente a la famosa replicación, sino en muchas otras funciones celulares. Increíblemente también, en la actualidad nuestros científicos (no"100-tíficos"como muchos piensan) modernos primer mundistas ya encontraron la manera de elongar los telómeros o "colas" de los cromosomas, ¿Qué les parece, ah qué diablos-abusadillos son no? Pero no la tienen tan fácil todavía, hay un sinnúmero de problemas técnicos y legales para realizar tal hazaña y sus resultados son todavía muy inciertos. Recordemos el famoso experimento de clonación realizado hace algunos años con la oveja "Dolly", por el grupo del Dr. Ian Wilmut en Inglaterra (1982) El animalito murió años después, dejando dudas acerca de la viabilidad de tales experiencias, ya que al parecer la oveja murió de causas no relacionadas con la senectud (neumonía), poca resistencia a las infecciones o probablemente por "apoptosis", o muerte programada en sus células. Al parecer las células que se clonan después de la concepción (o aún sin ella), presentan telómeros cromosomales que se acortan rápidamente llegando a su límite replicativo en poco tiempo, ¿Será?.

Por otra parte existe evidencia de que existen en la naturaleza, tejidos y células "inmortales", que son capaces de replicarse o clonarse indefinidamente(?), por ejemplo algunos seres unicelulares (no sujetos a la meiosis), parecen replicarse indefinidamente. En Medicina conocemos un famoso cultivo celular el HeLa que consiste en células cancerosas de una paciente (Henrietta L), que han sido cultivadas consecutivamente desde hace más de 60 años, sin signos de envejecimiento. Otros como los corales, esponjas y algunos crustáceos como la sabrosísima langosta y otras especies, parecen envejecer muy lentamente, y por supuesto existen naturalmente vegetales milenarios como los grandiosos ahuehuetes (Sequoias) de

California, como el famoso "Gral Sherman" cuya edad se calcula en más 3000 años! O sea que cuando Jesucristo nació, ¡Ellos ya eran viejos!

Bien todo muy interesante, pero surge la pregunta clave; ¿Porqué envejecen nuestras células? Bueno, pues hay cuando menos 6 teorías vigentes: Teoría Evolucionaria, T. Regulatoria de Genes, T. Senescencia Celular, T.de Daño Químico, T.de Reliabilidad, y la T. Neuro-endocrino-inmunológica. Todas tienen gran importancia y son explicativas.

Bien, pues en lugar de aturdirlos con un "hingo" de teorías, mencionaré que hay dos maneras de ver tales hechos; Las teorías que estiman que el envejecimiento está programado en nuestras células desde el momento de la concepción, (el Reloj Biológico), y esta regulación depende también de cambios en su material genético a lo largo de su vida, que afectan sus capacidades de mantenimiento, reparación y defensa a las agresiones externas. Y la Teoría pomposamente llamada "Stochastica" (Stochastic=Skillfull in guessing) que podríamos traducir como: "predicción aventurada" basada en experiencia y estadísticas, en la cual los cambios ambientales en los organismos vivos inducen cambios acumulativos, que pueden consistir en daño al DNA celular, por diferentes agentes, como son; agentes químicos, radiaciones, citotóxicos, neuroendocrinos, genes promuerte, o superproliferativos (cancerígenos) hasta daño consecutivo a la continua exposición a los famosos "radicales libres", que no son otra cosa sino moléculas químicas inestables (que han perdido electrones) y que tienen gran afinidad por otras moléculas a las que oxidan, reducen o de alguna manera dañan su estructura o función. Yo personalmente creo que todas estas teorías y hechos tienen bases científicas sólidas, pero que todavía no tenemos una imagen clara y simple de lo que realmente pasa.

Sin embargo lo que si se sabe es que los organismos que senescen más lentamente, son los que tienen mayor capacidad adaptativa a su entorno, de modo que; ¡A ponerse las pilas!

Por otra parte, los procesos oxidativos a los que estamos sujetos, pueden volverse contra nosotros a través de múltiples mecanismos, P.Ej. se sabe que aproximadamente el 4% del oxígeno que metabolizan nuestras mitocondrias (estructuras celulares que utilizan el oxígeno), se convierte en superóxido, o sea peróxido de O2(agua oxigenada), radicales hidroxilo, oxígeno atómico, que a su vez pueden generar otros radicales libres capaces de dañar las proteínas estructurales de nuestras células, así como lo hacen algunos metales como el hierro, cobre, mercurio, arsénico y otros que también producen "daño oxidativo", también moléculas como la glucosa y otros azúcares en cantidades excesivas también lo hacen como sucede en la Diabetes Mellitus, a través de un proceso que se denomina glicooxidación. Otras substancias y nutrientes en cantidades excesivas, lípidos como el colesterol LDL, dañan las células endoteliales de las arterias, también un sinnúmero de proteínas y aminoácidos degradados (por falta o exceso de oxígeno), son capaces de afectar el colágeno vascular y producir rigidez excesiva de nuestros vasos sanguíneos y así producir Hipertensión Arterial, con su cohorte de letales complicaciones.

Para que hablar de la multitud de substancias tóxicas y agentes físicos, como radiaciones gamma, ultravioleta, equis, radioactivas y muchas otras que también producen daño a nuestras proteínas celulares. Como si fuera poco también nosotros mismos producimos agentes citotóxicos ya que utilizamos neurotransmisores (moléculas mensajeras de las neuronas), que no se utilizan a cabalidad y se acumulan en las sinapsis (conexiones) neuronales y que pueden obstaculizar o dañar seriamente su funcionamiento y sobrevida. Esto pudiera explicar en cierto modo el daño celular impuesto por las situaciones de stress, que incluyen angustia, terror, cólera, tristeza, depresión y muchos otros trastornos emocionales, lo que explicaría porqué las personas felices, adaptadas a su entorno y satisfechas con su existencia, que saben manejar sus emociones, son más longevas.

Mencionaremos, si me lo permiten, que en la teoría regulatoria de genes, se han encontrado cuando menos una veintena de genes que se asocian a la longevidad en varias especies de experimentación, como son la levadura Sacharomyces cerevisae (¡Sí nuestra amiga y compañera, la cerveza!, bendita sea, ya sabíamos que era portentosa!), en la mosca Drosophila, de la fruta y en la lombriz de tierra, que menciono porque tiene un nombre bellísimo;"Caneorrhabditis-elegans". De modo que yo especulo, mm.. (yo sospecho con el pecho y calculo…con el pié derecho), que nuestros "chicos maravilla"de la ciencia pronto podrán encontrar la manera de incorporar tales maravillosos genes en nuestra provecta humanidad, antes de que sea demasiado tarde. (De ilusión también se vive ¿no?).

En lo referente a los recientes avances en la Ingeniería Genética científica actual, mencionaré algunos genes que han podido identificarse con la prolongación del límite de Hayflick (replicación celular); El SIR-T1, RAS 1 y 2, genes como el *survivin, naip,* ced-9, bel-2, bel-x, la proteína superóxida-dismutasa, la PBF-Nicotinamidasa, la Vistafina y el Resveratrol que se encuentra en la uvas rojas, (ojo amantes del vino!, ya lo sabíamos ¡No?). También es importante hacer notar el papel de los antioxidantes que antagonizan los radicales libres y agentes hiperoxidantes, de los cuales tenemos un "superbuti" (un `hingo para que entiendan los científicos), sobretodo en las grandes y contaminadas ciudades cosmopolitas atestadas de automotores, industrias contaminantes, un friego de perplejos FUMADORES. Entre los antioxidantes más conocidos están algunas vitaminas, como el ácido Fólico, Niacinamida, ac. Ascórbico (Vit.C), alfa y beta-Tocoferol, b-Carotenos, (Vits A-D-y E), Bioflavonoides (que tiene la cáscara de naranja), metales como el Zinc, Calcio, Magnesio, y otros. Cabe hacer notar sin embargo, que en esto y todo lo referente a la salud hay que considerar, que "mucho" no es sinónimo de mejor y que todo absolutamente todo tiene su medida, su lugar y su tiempo, de modo que "atiborrarse" de lo que sea puede ser peor que lo que se pretende evitar.

También resulta interesante mencionar que los tejidos que sufren mutaciones cancerosas, también presentan características que los hacen crecer desordenadamente mediante mitosis (división celular binaria) incontrolable, de ahí sus características tumorales e invasivas; tumor no encapsulado (ó raramente), que se extiende a tejidos adyacentes, (de ahí su nombre "cáncer"=cangrejo)y capaz de enviar semillas o brotes (metástasis) a distancia, sea a través de los ganglios linfáticos a o a través del torrente sanguíneo. De modo que los tejidos cancerosos se comportan reproduciéndose constantemente y dejando de efectuar las funciones que les corresponden. La causa y origen de estos cambios celulares no está bien determinada, pero se sabe que existen factores genéticos, mediados por genes oncogénicos (generadores de tumor), que alteran su límite de Hayflick, o sea que no "tienen llene" los condenados, se la viven a puro "lingui-li-lingui", (si saben a lo que me refiero).

Estos genes, paradójicamente, también se parecen a los de la longevidad que tanto buscamos. Tanto es así que algunos científicos investigan ambos y podríamos afirmar que: LA LONGEVIDAD ES LA LUCHA DE LOS TEJIDOS PARA SOBREVIVIR SIN VOLVERSE CANCEROSOS".

En lo referente a los factores endocrinológicos, mencionaremos que muchas hormonas (substancias mensajeras, estimuladoras o inhibidoras), intervienen importantemente en el desarrollo del envejecimiento: Las hormonas sexuales, Progesterona, Estrógenos, Testosterona, estimulan notablemente a las células para crecer y reproducirse, los anabólicos derivados de la testosterona, incrementan intensamente el crecimiento muscular y óseo,(por eso se utilizan ilegalmente, para aumentar el rendimiento deportivo). Pero la Hormona del Crecimiento Hipofisaria, sintetizada actualmente, está siendo investigada y utilizada a veces insensatamente para incrementar la longevidad y la resistencia al Stress. Tocaremos éstos importantes aspectos en artículos subsecuentes, si me lo permiten.

Finalizaremos recordando un ancestral poema Indostano; Que relata hermosamente: "Cinco hindi ciegos, que no conocían el elefante, fueron invitados a conocerle; Uno cautelosamente, se acercó por el suelo, y palpando una pata, exclamó; "¡El elefante es como un árbol!", el siguiente, avanzó decididamente y se topó con un masivo costado, exclamando; "De ningún modo, es como una sólida pared!", otro se acercó por delante y palpando la trompa y los colmillos, dijo juiciosamente; ¡No el elefante es una serpiente con dos lanzas!", otro más adelantó tímidamente la mano y tocando una gran oreja, dijo vehementemente; ¡Nó, el elefante es una gran hoja de árbol!. El último, temeroso, se acercó por detrás y tomando la cola, expresó desdeñosamente; "¡De ninguna manera, es como una simple cuerda!". Y todos se fueron, discutiendo acaloradamente, cada uno con una porción de la verdad y, ¡Todos equivocados!

Y así somos todos; ciegos, insolentes, ignorantes, arrogantes… y menos mal, curiosos.

7. CEREBRO Y SISTEMA NERVIOSO CENTRAL

Dijo Don Quijote, sonriéndose un poco; *"¿Leoncitos a mí?, ¿y a tales horas? "¡Ta, ta! – Dijo a esta sazón el dueño, dado ha señal de quién es nuestro buen caballero; los requesones sin duda, le han ablandado los cascos y madurado los sesos".* (El Ingenioso Hidalgo… Miguel de Cervantes Saavedra).

"¿Cabe en lo posible, que el Hombre de Neanderthal desarrollase una mente muy distinta de la nuestra y que las superiores facultades lingüísticas y anticipatorias del hombre le llevara a eliminar totalmente a nuestros fornidos e inteligentes primos?" (Los Dragones del Edén, Carl Sagan)

La cabeza, ¿Qué otra parte del cuerpo es más importante? Un amigo mío (oriental por cierto de un país que está en boca de todos actualmente), dijo en una ocasión; "Cuanlo cabecita chiquita, se aloca… cabeza glande, no funcionaa", Chistes y cuentos de la cabeza son innumerables. Cuentan que una pareja de esposos (hay que puntualizar porque hay otro tipo de "parejas"), sufrió un grave accidente, y el marido quedó descerebrado (quién sabe cómo estaba antes, pero así cuentan). El médico que le dio la infausta noticia a la señora, que estaba intacta (en más de un sentido), le dijo que la ciencia moderna podía efectuarle un trasplante de cerebro (¡no manches Doccis!), y procedió a mostrarle varios disponibles;"Este, era de un famoso médico; lleno de conocimiento científico, muy valioso, muy lucrativo, solamente 1 millón de pesos", "¿y ese otro?" inquirió la señora; "¡Ah ése fué de un banquero famoso, tenía un especial talento para hacer dinero, fue multimillonario, pero está en oferta, se lo dejamos en 1 millón de dólares!". "¿Y aquel chiquitico que está en el rincón?", curiosa la señora. "¡Ah, ése es un valiosísimo cerebro de Legislador de Oposición!, vale solamente 5 millones de euros". "¿Cómo, dijo la dama, el más feo y pequeño, tan caro, porqué?". "¡Ah señora!", dijo el médico; "¿sabe usted, cuántas cucharadas de sesos se necesitan para un sólo cerebro de Diputado?".

Bien, el Cerebro, ¡Qué órgano espléndido! Lástima que pocos humanos lo usamos como debiera ser, dicen que utilizamos menos de la quinta parte de su capacidad en toda una vida, yo no sé pero sospecho que esto es una vacilada (no sé como pueden saber), a lo mejor es una verdadera exageración, estoy seguro que muchas personas sólo lo utilizan para sostener el sombrero, o para adornar la cabeza, No se enojen señoras, no me refiero a ustedes.

Bueno, basta de vaciladas, ¿qué les parece si hablamos un poco del Sistema Nervioso Central?. Me refiero al Encéfalo, la Médula Espinal y todas sus terminaciones nerviosas.

El Encéfalo ocupa toda la cavidad craneal, o sea todo lo que está encapsulado atrás de la cara para que nos "ubiquemos", ("¿atrás de la raya, que estoy trabajando!), el cerebro como decimos;"uno por cráneo" consta de siete huesos duros,(en algunos casos duros, durísimos, dicen que al "Peje", no le entra ni el "hacha"). Un frontal, dos parietales, dos temporales, un occipital y un esfenoidal. Esa es la "calaca", tan conocida y amada por nosotros los mexicanos (y los piratas, quién sabe porqué). El encéfalo, consta de; Cerebro, Cerebelo, Protuberancia Anular o Puente, Núcleos Basales, y Bulbo Raquídeo o Tallo Cerebral, que se continúa con la Médula Espinal (all the way hasta la "colita" o coxis).

¡Abueelo!, como dice mi nieto; basta de relajos! Concreta, concreta! (Sorry). Y ¿Cómo se forma el cerebro? Se sabe que el SNC (Sistema Nervioso Central), se forma en las primeras semanas de la embriogénesis (desarrollo fetal, alrededor de la 3ª o 5ª), mediante una hendidura que se forma en la capa externa (ectodermo) del blastocele, que se torna en canal, con un extremo cefálico que se vesicula y forma el encéfalo primitivo y otro caudal que se cierra y forma el canal raquídeo o médula espinal. Fácil ¿No?, decimos los hombres; un momento de "sudar el copete" y ¡Hay Tá!, ¡A la orden milady! Las mujeres se encabritan, ¿Sí, a ver...cambiamos los roles, que les parece? Bueno, bueno si se van a poner así, mejor ¡Va p`atrás, yo no he dicho nada, al cabo que ni quería.

Bien, todos los organismos existentes tienen capacidad reproductiva, es decir que pueden transmitir su material genético, o sea que tienen cromosomas o cuando menos ácidos nucleicos que contienen la información necesaria en su molécula de ADN, ésta molécula está dividida en sólo cuatro porciones llamadas nucleótidos, distintos por lo que de hecho podemos decir que el lenguaje de la herencia (de todos los seres vivos), está contenida en un alfabeto ¡de tan sólo cuatro letras!

Y todos los organismos vivos ¿tienen cerebro? Bueno, tanto como "cerebro"no lo sé, hay algunos que yo conozco, que "quen sabe"(y no me estoy refiriendo necesariamente a algunos "pedorristas" mexicanos). Pero necesariamente tienen, a excepción de los organismos muy primitivos unicelulares y también "quén sabe", tejido nervioso especializado para recibir y proporcionar información acerca del medio ambiente.

Es notable que en la evolución embrionaria del cerebro y SNC (Sistema Nervioso Central) humano, es prácticamente idéntica a la de la evolución de dicho tejido en las distintas especies animales, desde los cerebros más primitivos que constan de tan sólo un tubo neural que controla e interactúa con el ambiente, hasta el complicado cerebro de los primates y cetáceos. Por ejemplo, el cerebro de un pez consiste de un notocordio o médula espinal, un pequeño mesencéfalo o protuberancia, un pequeño cerebelo y cerebro olfativo, un batracio tiene además romoboencéfalo o cerebro posterior, al igual que los reptiles, los vertebrados más evolucionados como las aves tienen cerebro anterior, tubérculos cuadrigéminos y cerebelo y bulbo o médula oblongata, claramente definidos. De igual manera el cerebro embrionario humano, se desarrolla siguiendo las mismas pautas evolutivas, desde el tubo neural mencionado, hasta la neocorteza plenamente desarrollada del neonato a término.

El cerebro humano, cuyo volumen medio es de unos 1400 cc y un poco menos (unos 100 o 150 cc en la mujer, (ni modo cuatitas así las hizo Dios). Recuerdo que mi abuelita tenía una sirvienta muy querida, que había estado con ella desde su niñez, y con la cual peleaba constantemente y le decía; "Esta Felipa, tan tonta y además tan fea, ¡mírenla, que fea!", a lo que la interfecta contestaba; "¡Pos así mi`zo Dios!", a lo que la abuela (venenosa la viejita), replicaba;"¡No es cierto, Dios no hace cosas tan feas!". (creo que esto ya lo dije antes, pero cada vez me sale mejor. ¿No?).

Bien, el cerebro humano medio contiene alrededor de 10,000 millones de neuronas, el cerebelo situado atrás, abajo y mucho más pequeño, tiene una cantidad similar. Todas estas células nerviosas pueden transmitir o recibir información a través de impulsos eléctricos diferenciados muy definidos que producen a su vez neurotransmisores químicos de datos específicos aferentes (hacia dentro) o eferentes(hacia fuera), a través de sus axones y dendritas (terminaciones nerviosas) respectivamente, a través de conexiones que se denominan sinapsis. A cada neurona cerebral le corresponden aproximadamente diez células gliales, que constituyen el andamiaje o soporte de las neuronas. Por término medio cada neurona posee alrededor de 1000 o 10,000 sinapsis, en el supuesto de que cada sinapsis corresponda a una cuestión elemental; un"si o un no", binaria o digital como las computadoras actuales 0-1, que nos parecen tan avanzadas, la cantidad de "byts" de información (byts, contracción de "binary-digits), que podría contener el cerebro humano sería de 10 a la 13 potencia, unos 10 billones de byts, o bien 100 billones de byts si partimos de 10,000 sinapsis por neurona.

Si el cerebro humano tuviera una sola sinapsis,-lo que correspondería a un hombre de monumental estupidez- (y no me refiero a ningún peje), no podría alcanzar mas que dos estados mentales, pero es el caso que el cerebro humano medio tiene alrededor de 10 a la 13 potencia sinapsis, el número de estados mentales que podría alcanzar un hombre sería de 2X10 a la 13 potencia , o sea 2 multiplicado por si mismo ¡diez billones de veces! ¡cifra mayor que la cantidad estimada de partículas elementales (protones y electrones), que supuestamente contiene el Universo conocido! Debido a esta ingente cantidad de configuraciones cerebrales funcionalmente distintas, no puede haber dos hombres iguales (ni siquiera dos gemelos univitelinos). Esta cifra colosal también podría explicar lo impredecible de la conducta humana. (¡Ahora caigo!... dijo Chespirito).

Como quiera que sea, neuronas o no neuronas, de nada nos servirían, si no están conectadas, y ¡Ahí está el detalle!, como dijo el genial Cantinflas, los contactos, los contactos son vitales, si no pregúntenle a su "narco" preferido, sin ellos no somos nada, ni computadora ni nada. Bueno para eso está la "substancia" blanca cerebral, todo el montón de axones, dendritas, ganglios (nerviosos, porque hay de otros), troncos, plexos, nervios periféricos motores y sensitivos, hasta la más pequeña terminación nerviosa que se conecta a lo que se llama placa sensitiva o motora en las porciones más recónditas de nuestro organismo. La médula espinal posee neuronas centrales y sus cuernos anteriores se conectan a los nervios motores periféricos y los posteriores reciben información de los nervios sensitivos. Adentro del cráneo esta substancia blanca representa casi la 3ª parte de todo el tejido cerebral, las meninges y las células de soporte astrocitos y gliocitos un poco más, los vasos sanguíneos y linfáticos, su contenido y el Líquido cefalorraquídeo, más del 15% y las neuronas o substancia gris lo restante, un poco más del 15%! (Lo más importante al final, como nosotros los betabeles).

Además se existen algunas super-neuronas que actúan como microcircuitos o chips, lo que aumenta considerablemente la gama de respuestas y la actividad neuronal al relacionarse, más allá de la simple respuesta binaria o digital de una computadora y debido a su reducidísimo tamaño, normalmente una diezmilésima de centímetro, pueden procesar información a gran velocidad, ya que responden a estímulos y voltajes una centésima menor que lo que requiere una neurona común y por lo tanto pueden dar respuestas más precisas y complejas. Existe evidencia, además de que esta capacidad de las neuronas de mejorar su desempeño tiene que ver con el proceso educativo y la estimulación temprana. Además existe una sorprendente capacidad del tejido cerebral de acelerar su velocidad y capacidad de transmisión y almacenamiento de datos, mediante la utilización constante de las capacidades mentales y de memoria y con el estímulo repetido para aprender y procesar información, o sea que existe en "efecto de entrenamiento" y una curva de aprendizaje claras. Esto también se produce aunque la cantidad de neuronas disminuye al pasar los años, ya que están continuamente expuestas a daño oxidativo, traumas, daño genético, deterioro ambiental, falta de nutrientes o de oxígeno (lo más letal), porque las conexiones interneuronales (dendritas y axones) sí son capaces de regenerarse y reconectarse e inclusive aumentar su número por encima de las situaciones previas al daño neuronal. Y así vemos personas que ha sufrido daño cerebral severo, a veces incluso infartos cerebrales masivos o necrosis casi total de un hemisferio cerebral, que recuperan sus habilidades mentales motoras y sensoriales en forma sorprendente sobre todo cuando sufren daño a edades tempranas. De modo que no desmayemos, ¡No todo está perdido Betabeles!, el ejercicio mental y físico puede hacer milagros si nos lo proponemos en serio. Nada de que "chango viejo no aprende maroma nueva", más bien digamos; "chango güevón, no aprende nunca". No podremos rejuvenecernos, pero podremos divertirnos y ser útiles todavía "un buen", antes de concluir nuestra misión.

Bueno eso está muy interesante, pero ¿Porqué envejece el cerebro? Bueno el porqué es finalista y mejor se lo dejamos a Dios, pero en el cómo, ahí si podemos elaborar un poco:

Existe "Envejecimiento Fisiológico" y también Patológico y Degenerativo, como quiera que sea esto, se trata de disminución en el número y funcionalidad de las neuronas y sus conexiones. El cerebro disminuye de tamaño, los ventrículos cerebrales (cavidades internas del cerebro) se ensanchan, el líquido cefaloraquídeo aumenta, los procesos mentales se hacen más lentos, las capacidades cognoscitivas y de memoria disminuyen paulatinamente, los aparatos de los sentidos disminuyen su perceptibilidad notablemente. Los cambios celulares en el envejecimiento cerebral se parecen a los observados en la enfermedad de Alzheimer, las neuronas mueren algunas por apoptosis (muerte programada) y sus moléculas son reabsorbidas por la circulación, otras mediante necrosis, que produce toxinas deletéreas y son subtituídas por tejido fibroso microgliar o cicatricial inerte. o huecos que producen quistes llenos de líquido. También se han descrito "placas seniles" y marañas neurofibrilares. Y aunque estudios recientes acerca del número de neuronas en poblaciones viejas, no presentan una disminución muy marcada, si se han apreciado cambios celulares como acumulación de lipofuscina y retracción de su núcleo, otras sufren cambios en su afinidad tintorial (coloración) y se conocen como neuronas obscuras o picnóticas, lo que tiene que ver con su utilización de la energía, de sus neurofilamentos y la degeneración de sus proteínas fibrilares, lo que deforma su membrana plasmática (la arruga), y se vacuolizan,(forman huecos en el protoplasma) esto es más evidente en los procesos de isquemia, o sea cuando hay déficit de irrigación sanguínea o cuando hay falta de oxígeno (mucho más marcada) o en presencia de substancias tóxicas de todo tipo (alcohol y otros oxidantes, monóxido de carbono, tóxicos, drogas etc), trastornos metabólicos o exceso de substancias (como glucosa, bilirrubina y muchas otras). También es de gran importancia la exposición continua o crónica a múltiples agentes físicos y químicos a los que hemos estado sujetos durante toda una vida de actuar irreflexivamente (estúpidamente?). Las células cerebrales son particularmente sensibles (son las más frágiles de todo el organismo) a los cambios de temperatura (sobretodo la hipertermia), pH, presión osmótica y oncótica (que tiene que ver con la concentración de sales y proteínas de los líquidos corporales). Tienen también gran importancia la frecuencia de los traumatismos físicos a los que hemos estado sujetos durante toda una vida de "catorrazos" grandes y chicos, a veces un grave traumatismo cerebral eufemismo para "Fiebre Carbonosa"(fiero caboronazo) no nos mata, pero nos daña severamente.También los microtraumatismos o "golpes de la vida", a los que no damos suficiente importancia o atención, dañan severamente nuestra capacidad mental y cerebral, y son apreciadas a edades más avanzadas. Por ejemplo la práctica insensata de deportes que utilizan el cráneo como instrumento para golpear, como el box, karate, y ¡sí mis cuates! el Fut-bol, que utiliza el cerebro como ariete en lugar de instrumento para pensar! O la práctica del ciclismo de montaña y otros, sobretodo el motociclismo que es conocido por los médicos de Urgencias como ¡Actividad de supercandidatos a donadores de órganos! Hace dudar de la habilidad del hombre para denominarse "Homo Sapiens".

"Cogito... ergo summ". "Pienso... luego existo". (Renè Descartes).

8. ÓRGANOS SENSORIALES I (Visión)

1.-*"Los ojos son la ventana del alma".*
2.-*"RKO-ojos y oídos del mundo"*
(¡Ki-ki-ri-kiii!, el gallo de Pathe,
¿Recuerdan los noticieros de cine?)

Sabemos que los órganos de los sentidos son cinco. Las mujeres dicen tener un "sexto sentido"(¿o"sexo"?). En mi pueblo, los "sentidos" son los oídos, actualmente (vulgo) "perder el sentido" significa estar inconsciente y ser "un inconsciente" significa ser un "pendeho", Yo más bien creo que el "sentido común" es el menos común de los sentidos.

Cuatro de nuestros órganos sensoriales ocupan la cabeza,(ocupan en sentido literal, no como en Guadalajara, ocupar=necesitar, Vbg;"Ocupa llover"). El aparato sensorial está en todos los nervios periféricos sensitivos del organismo.

El Aparato de la Visión; órbitas, globos oculares, nervios motores, nervio óptico, quiasma, vía óptica y cisura calcarina de la corteza cerebral occipital, forman lo esencial de éste vital sentido.

Los ojos en más de un sentido, son nuestras ventanas al mundo exterior, somos extraordinariamente "visuales", de hecho "Si no Vemos no Creemos" (Sto. Tomás) "Ojos que no ven, Corazón que no siente", "Miradas que Matan", "Ojitos Traidores"y muchas otras expresiones denotan la emotividad que trascendemos o atribuimos a los ojos.

Los ojos son complicados y muy delicados, sin embargo su diseño e ingeniería, son asombrosamente eficientes y duraderos, y con poco o nulo mantenimiento, provisto que no cometamos excesivas imprudencias, durarán toda una vida (duran "hasta que se acaban").

Las órbitas, son las cavidades óseas que los alojan, de paredes muy delgadas, están en íntima contigüidad con el cerebro y la glándula Pituitaria o Hipófisis (la reina de todas las glándulas). Los globos oculares ocupan tan sólo la mitad de la cavidad orbitaria, de la que está separada por la membrana o aponeurosis de Tena, de hecho está laxamente alojado en una cama de tejido adiposo, que contiene los múltiples vasos sanguíneos, linfáticos, músculos y nervios que forman parte integral del aparato de la visión. El fondo de las órbitas, presenta varias perforaciones que permiten el acceso de éstos elementos hacia el cerebro para su correcto funcionamiento y acceder a la información visual que es su principal (y única función), son los agujeros; Óptico (nervio óptico), hendidura esfenoidal, agujeros; redondo mayor, supra e infraorbitarios, etmoidales, lacrimales y esfenomaxilares. De modo que no estaba tan errada la cancioncita aquella que entonaba el "Loco" Valdés; "Te quiero más que a mis ojos…y si por ti pierdo los ojos…Te miro por los agujeros".

Obviemos si me lo permiten; los párpados, pestañas, cejas, glándulas lagrimales, que por cierto son tan importantes para nosotros los románticos, "Una lágrima por tu Amor", "Abriste los ojos con el suave ritmo que hay en tus pestañas", y recordemos que "En cojera de perro y lágrima de Mujer… no hay que creer".

Los globos oculares están recubiertos por delante por la membrana serosa conjunctiva, que forma una cavidad virtual que la protege y lubrica, y que contiene una gran cantidad de vasos sanguíneos, linfáticos y nervios de alta sensibilidad. La conjunctiva es muy delgada y transparente en su porción anterior, donde cubre la córnea, pero en su periferia es más gruesa con tejido laxo abundante y muy vascularizada, por lo que puede acumular líquido de edema (hinchazón) que se denomina "quemosis", y a veces sangra levemente, produciendo el famoso "derrame" que tanto preocupa a todos y que tiene poco significado clínico, la conjunctiva es asiento de inflamaciones agudas o crónicas que frecuentemente padecemos, debido a la grave contaminación atmosférica, a menudo de tipo infeccioso bacterial, viral, alérgico, traumático o químico, también a veces presenta pequeñas elevaciones inflamatorias denominadas "pinguécula", y puede ser asiento de neoformaciones de tejido conjunctival como el "pterigión" o "carnosidad", que a veces dificulta la visión.

El Globo Ocular, es una esfera hueca, que ha sido adecuadamente comparada a una cámara fotográfica de alta precisión. Sus paredes están formadas por tres capas concéntricas, y contiene los medios transparentes que permiten el ingreso de imágenes y luz a la vía óptica.

Estas cubiertas o membranas del ojo, son; la externa o esclerótica, blanquecina, de tejido conjuntivo-fibroso, duro y resistente en la parte posterior, que en la anterior se adelgaza y transforma en una membrana de gran transparencia; la Córnea. La membrana media, muy vascularizada la Coroides, a su vez se transforma en un fino diafragma muscular hermosamente pigmentado, que controla la cantidad de luz que ingresa a la Retina. Es increíble la cantidad de emotividad que suscita ésta pequeña parte del ser humano, el Iris, o pupila que no es más que el agujerito del mismo, le da belleza y expresividad a la mirada. A propósito; ¿cuáles son los ojos más bellos? Las opiniones son variadísimas, pero yo sostengo que son los increíbles "Ojos Tapatíos", habrá quien prefiera los Ojitos Norteños, o aún los hermosos "Irish-Eyes", o los rasgados Ojos Orientales. Yo opino que independientemente del color, tamaño o forma, la luminosidad y la expresión sonriente es la maravilla de la mirada femenina. Recordemos, si me lo permiten; *"Pasó con su madre... qué rara belleza, qué rubios cabellos de trigo garzul, qué formas bajo el fino tul! Pasó con su madre...volvió la cabeza, me clavó muy hondo su mirada azul... quedé como en éxtasis...con febril premura; ¡Síguela, me gritaron cuerpo y alma a la par!...Pero tuve miedo de amar con locura. De abrir mis heridas que suelen sangrar, y no obstante, toda mi sed de ternura...Cerrando los ojos... la dejé pasar!...* (por supuesto; Amado Nervo).

La tercera capa o membrana que recubre la parte posterior e interna de la esfera ocular y que es totalmente de origen nervioso, prolongación a su vez de el nervio óptico, el cual a su ingreso en la cámara oftálmica lo hace acompañado de un ramillete vascular arterio-venoso en el punto "ciego" de la retina o "papila óptica", lo que lo hace un medio asequible para que el facultativo pueda examinar los vasos sanguíneos procedentes del cerebro directamente y además es posible apreciar la presencia de "edema cerebral" o hinchazón del tejido cerebral, que es sumamente peligroso. La retina es la parte más importante y delicada del órgano de la visión y descansa en la porción posterior de la coroides que la nutre y protege, la retina posee una capa o membrana pigmentaria que forma conos y bastoncitos que permiten la captación distinta de estímulos lumínicos, pero se hace muy abundante y fina en la región de la mácula lútea (amarilla) un poco por debajo y afuera de la papila, pero exactamente en el polo posterior del ojo, y es responsable de la visión fina o claramente distinta, de modo que ésta es la región más importante y delicada del ojo, sus lesiones determinarán en gran medida la funcionalidad el ojo y es causa de ceguera central muy incapacitante. En la senectud la Degeneración Macular es causa muy frecuente de ceguera y es causada por aumento en la permeabilidad vascular de los vasos retinianos, que es el caso más común; la degeneración "húmeda", en donde se forman exudados y placas que atrofian las terminaciones nerviosas ópticas, en la degeneración llamada "seca" los vasos retinianos se engruesan, su permeabilidad disminuye y se presentan diversos grados de "isquemia"(disminución del aporte sanguíneo de nutrientes y oxígeno), lo que causa la degeneración y atrofia nerviosa. El primer tipo puede ser tratada con aplicaciones de lásser, con algún grado de éxito, no así la segunda. Otras causas de daño retiniano, son la Diabetes Mellitus y otras enfermedades vasculares como la aterosclerosis y muy importantemente la Hipertensión Arterial, ambas pueden ser controladas con atención médica preventiva.

Las porciones anteriores a la retina, los medios transparentes o refractivos, son los que permiten el acceso de las imágenes luminosas y son de atrás adelante: El cuerpo vítreo, que es una estructura gelatinosa de gran transparencia que ocupa todo el globo ocular y mantiene en su sitio a la retina y da apoyo al cristalino y al iris, cuerpo ciliar y coroideo por delante, está cubierto por una fina membrana hialoidea y atravesado por un delgado ducto que conecta la papila óptica con la cápsula del cristalino, este líquido viscoso, el humor vítreo, circula lentamente y mantiene las estructuras oculares funcionales, su pérdida puede causar que la retina se despegue, con la consecuente pérdida de la visión. Por delante están las estructuras de acomodación de las imágenes visuales, el cristalino que está contenido en una fina y transparente cápsula, que en su periferia forma el aparato o cuerpo ciliar, conectado a su vez con los músculos ciliares que al contraerse aplanan y disminuyen al convergencia del cristalino, esto permite que las imágenes se enfoquen nítidamente en la retina. El poder de "acomodación"del cristalino es de 14 dioptrías a los 10 años y se va perdiendo paulatinamente con la edad, hasta ser casi nulo a los 60 o 65 años, esto se denomina "Presbicia". El cristalino del ojo normal, enfoca precisamente en la mácula, pero si el diámetro anteroposterior del ojo es menor, o el cristalino es muy convexo, las imágenes se forman antes, es el caso de la Miopía, cuando sucede lo opuesto las imágenes se forman atrás de la retina, lo que se denomina Hipermetropía o Hiperopia, que frecuentemente se incrementa con la vejez, sin embargo, la Presbicia "corrige" en parte la miopía juvenil, pero no a la Hiperopia. La degeneración del Cristalino, conduce a la formación de Cataratas, que se deben a que las fibras transparentes del cristalino se regeneran de afuera a dentro, dejando las fibras viejas menos transparentes dentro, aunque hay factores genéticos y además congénitos, de éste modo las cataratas pueden ser; nucleares, corticales o difusas estratificadas o punteadas, son la causa más frecuente de ceguera y son tratables quirúrgicamente con lentes intraoculares.

Por delante del cristalino, se encuentra el iris, que tiene fibras musculares y se contrae para permitir el ingreso óptimo de luz al interior del ojo, a la "dilatación" máxima de la pupila se le denomina "midriasis" y la contracción máxima (puntiforme) es conocida como "miosis". El aparato ciliar, el cristalino y el iris están bañados por un transparente y útil líquido; el "Humor Acuoso", que los nutre, lubrica y mantiene funcionales, y que delimita por detrás del cristalino la cámara posterior del ojo y por delante el iris, cuerpo ciliar y la cámara anterior, que sostiene a la córnea en su lugar. El humor acuoso, se produce continuamente en los plexos coroideos del aparato ciliar y fluye rápidamente hacia la cámara anterior, para mantener la funcionalidad del ojo, pero si el flujo es muy abundante o existe obstrucción al mismo a nivel de las porosidades del iris o sus canalículos, se produce hipertensión intraocular lo que se denomina Glaucoma, que puede ser causa de daño irreversible del nervio óptico y ceguera. Existen dos tipos principales de glaucoma; el de "ángulo cerrado", que se presenta agudamente, es doloroso, produce gran enrojecimiento de la conjunctiva y severa disminución de la capacidad visual, su tratamiento es eficaz con gotas mióticas (pilocarpina etc) e inhibidores de la anhidrasa carbónica (Diamox). El glaucoma de ángulo abierto es más común, se presenta en forma insidiosa y crónica, afecta más comúnmente la visión periférica, con puntos ciegos (escotomas). En ambos casos la presión intraocular se eleva peligrosamente y requiere tratamiento de urgencia, a veces el manejo quirúrgico es indispensable y consiste en iridectomía con lasser (cortes finos en el. radio del iris).

La córnea es la ventana transparente del ojo, también puede sufrir daño directo, o degenerativo y está expuesto a infecciones, inflamaciones, úlceras o trauma, su desgaste frecuentemente provoca distorsiones en su convexidad y transparencia produciendo "Astigmatismo" de grado variable, también puede degenerarse en su cara posterior y acumular pigmentaciones que la obscurecen y dificultan el paso de la luz. La córnea es actualmente susceptible de remodelación quirúrgica para eliminar o mejorar los defectos de refracción y refringencia oculares con gran éxito.

Hablaremos de los otros sentidos en páginas subsecuentes, si me lo permiten.

Por lo pronto, quisiera recordar aquella hermosa melodía que dice; *"Tus ojos... son dos luceros, que me quisiera robar, que me quisiera robar, tus ojos son dos luceros...Pero p'a que desespero, por lo que no he de alcanzar... Los luceros son del cielo... yo del mundo, p'a llorar...*

9. ORGANOS SENSORIALES II

(Auditivo, Olfativo, Gusto, Tacto y Propioceptivo)

"Yo las amo, yo las oigo, cual oigo el
rumor del viento,el murmurar de una
fuente, o el balido de un cordero,
Si por siempre enmudecieran;
¡Qué tristeza en el aire y en el cielo!
¡Qué silencio en las iglesias!
¡Qué extrañeza entre los muertos!"
"Las Campanas", (Rosalía de Castro).

¡Oiga usted! Como suena la clave…oiga usted como suena el bongó, como las maracas suenan…¡Última carcajada de la cumbancha!... ¿Qué sería Veracruz y su carnaval sin sonido? ¡Se imaginan un "Manicomio con vista al mar", pero silencioso?

Un mundo sin orejas, sería terrible no? Dicen los que han estado ahí que el mundo silencioso es las profundidades marinas. Yo no sé (nunca he estado ahí), pero no lo creo, simplemente porque los peces no tienen orejas (".No oigo, 'toy tarado, tengo orejas de pescado"). El agua transmite cualquier vibración mejor que el aire, de hecho el sonido viaja 3.5 veces más rápido. Y los aparatos de "Sonar", son muy eficaces para la navegación.

Bueno, pero ¿que le pasa a éste vital sentido cuando envejecemos? Bueno, le pasa lo que a aquel payasito de nuestra niñez, cuando su comparsa se preguntaba: "A ver Rabanito, ¿qué pasa si te pico los ojos?" ¡Qué? decía el clown; "Pus no veyo", "Ah sí, y ¿si te corto las orejas?", "Pus no veyo", replicaba el bufón, "¿cómo…porqué?"."Pus porque el sombrero me cai'n los ojos… y ¡no veyo!"

Todos los viejos somos medio sordos, y hacemos bien, porque hoy en día, se escuchan tantas "pendehadas", que Dios nos guarde. Más nos valdría ser como los monitos de la sabiduría; "No Ver, No Oir, No Hablar". En fin nadie dijo nada de "No Escribir", ¿no?

Sin embargo, para saber qué es lo que perdemos, necesitamos saber, qué es lo que tenemos, ¿no creen? De modo que lo siento, hay les voy con mi rollo médico:

Para percibir los sonidos, que son otra forma de movimiento ondulatorio de partículas (o sea que tiene que haber "partículas", en este caso el aire (o agua en su caso), en el espacio exterior no se pueden transmitir estas oscilaciones, ondas o vibraciones mecánicas, en este caso sonidos audibles por nosotros los humanos, vibraciones con frecuencia entre 15 y 15,000 Hertz (no renta de carros, ciclos por segundo!) De acuerdo a esto, menos de 15 tamborazos por segundo y más de 15,000, serían inaudibles? Nó por supuesto, que nó, nos referimos a vibraciones individuales, un tamborazo contiene miles de ellas. Pero sí vibraciones de mayor frecuencia o ultrafrecuencia son totalmente inaudibles, por fortuna, imagínense, que haríamos los médicos sin el ultrasonido, tendríamos que regresar a la edad de piedra (usar el estetoscopio, que horror!). Ahora, la intensidad de los sonidos (o ruidos) audibles se miden en decibeles, intensidad= energía o amplitud de la onda sonora, de entre 10 a 120 decibeles (decibeles son medidas logarítmicas, de modo que 20 no es el doble de 10 sino 10 veces más) y sonidos de mayor intensidad son perjudiciales y a veces dañan de forma irreversible, no sólo al oído, sino al cerebro. ¡Aguas, amantes del ROOCK, motocicletas, bandas y otros instrumentos de tortura!

Nuestro particular (y humano) sistema de sonido, nuestro "Minicomponente" para que me entiendan los "chavos". Nos permite percibir cerebralmente (estereofónicamente), los sonidos en sus variables de intensidad, altura y timbre. Consta de; Oído externo, Oído medio y Oído interno. El Externo por su forma y relación inmediata con la atmósfera es el órgano receptor; consta de la Oreja, (cualquier parecido con el reciente Ministro del Exterior o Canciller Español, es pura coincidencia, no está diseñado para "espiar"). Muchas cosas se pueden decir acerca de las orejas, casi todas cómicas, (pero resistamos, esto es serio), pero si podemos decir que son muy útiles para enseñar algo (para "enseñar la oreja"), una colega dictó una vez una sesuda conferencia que atribuía a las líneas del lóbulo auricular datos diagnósticos de Enfermedad Coronaria! Yo nunca lo pude comprobar. Por lo pronto recuerdo a mi dilecto amigo Víctor Guzmán Alemán (QEPD), para predecir la edad del hombre; "La cana engaña, el diente miente, la arruga deja duda, pero el pelo largo en la oreja…ni duda deja". Desde entonces me los afeito consetudinariamente.

Todos conocemos y apreciamos las orejas, sabemos por lo pronto (es un hecho científico) que si a alguien se le ponen"calientes" es seguro que recientemente se ha "ventoseado" silenciosa e impunemente.

Las orejas son parte ineludible de nuestra cultura y de nuestro pasado evolutivo, sus formas tamaños, calibres grosores, así lo indican, son personalizadas al punto de que forman parte de la ciencia forense, casi con valor igual a las huellas digitales. La presencia del "Tubérculo de Darwin" en la punta de la oreja, es para algunos, evidencia de nuestro pasado simiesco. Yo no estoy tan seguro de que descendemos del mono, aunque conozco algunos especimenes, que me hacen dudar y pienso que descienden directamente del árbol.

El conducto auditivo, muy útil para producir cerumen (cerilla), comezón irresistible, impactarse, dejarnos sordos o parecer borrachos tambaleantes (vértigo). Dicen los médicos (que no hacen lo que predican): "Solamente hay que rascarse los oídos con los codos". Señor doctor, que sabio es usted, creerá que somos tan tarugos, para eso son los palitos (Q-tips) o en su defecto cualquier cosa a la mano; llave, fósforo, palillo-dientes, llave

Stilson, etc. Bueno, si de todos modos lo van a hacer, cuando menos con las manos limpias, "palito","hisopo"o "swab" con gota de glicerina o alcohol. Hacer tracción suave hacia arriba y hacia atrás en la parte superior de la oreja y muuy suavemente con movimientos circulares, con muchísmo cuidado!, ¡No empujar, por favor! Limpiar la porquería. El ducto auditivo no es recto, es curvo hacia atrás, abajo y hacia delante. Pero es mucho mejor ir al médico y dejarlos "rechinando de limpios" con irrigaciones

El Oído. Medio; Consiste de; Tímpano, preciosa membranita casi circular, que vibra de manera maravillosa para transmitir los sonidos. No requiere mantenimiento, pero es frecuente asiento de lesiones, infecciones, cuerpos extraños, insectos y cuanta tarugada se nos ocurre meternos, sobre todo a temprana edad (a veces a los 80 años!) de modo que a cuidarla y tratarla al menor problema, y por favor de ninguna manera se dejen convencer por los "sexólogos modernos" de que es también un "órgano sexual".

El tímpano es bastante fuerte y resistente, cierra el oído medio, la "caja del tímpano" casi herméticamente, pero tiene cierta elasticidad para soportar cambios de presión cuando son paulatinos, soporta hasta 3 atm., pero se puede perforar con un súbito cambio de presión, o debido a infecciones purulentas, traumatismos o sangrado, especialmente cuando hay fractura de la base del cráneo, lo que lo hace un signo muy grave y ominoso, sobretodo cuando sale líquido cefalorraquídeo sanguinolento.

El oído medio o tambor, tiene forma de un espacio lenticular lleno de aire, contiene el aparato de acomodación de la audición, que consiste en una cadena de huesecillos (que en realidad se llaman;"osículos", pero que yo creo que porque recuerda otra parte de nuestra anatomía, no se les denomina por ése nombre en castellano, de la misma manera que en México, se les llama a los huevos "blanquillos"). Bien, ésos osículos son tres; Martillo, Yunque y

Estribo que se continúa con el Lenticular que no es mas que su extremidad, están finamente articulados adosados y manejados por dos tendones y músculos que los tensan de acuerdo a la intensidad de los sonidos que percibe el nervio auditivo. El Tambor se comunica con la faringe y los conductos nasales posteriores por un largo conducto membranoso-mucoso que permite la aereación y la equalización de la presión atmosférica a ambos lados de el tímpano, así como su drenaje mucoso, razón por la cual cuando la presión atmosférica aumenta o disminuye, se presenta disminución de la audición, o dolor cuando tal ducto denominado"Trompa de Eustaquio" se encuentra bloqueado por procesos inflamatorios procedentes de la nasofaringe, por lo que es frecuente asiento de infecciones. El oído Medio se degenera frecuentemente con el paso de los años, osificando sus articulaciones produciendo rigidez de la cadena osicular, y a veces produciendo colesteatomas, verdaderos crecimientos de tejido escamoso, que frecuentemente destruye o desgasta sus paredes, o las obstruye, produciendo hipoacusia o sordera mediante lo que se denomina "Otosclerosis".

Las relaciones del oído medio son sumamente importantes; Por detrás y por arriba del tímpano, corre el nervio facial, que se dirige hacia delante por la glándula parótida, de modo que cualquier lesión inflamación o infección en la zona puede causar Parálisis facial periférica(Parálisis de Bell, que a veces se le achacaba al frío y se le denominaba; Parálisis a frigore), por delante y abajo se relaciona con la arteria carótida interna (la más importante del cuello y el cerebro, y también corre por ahí la vena yugular interna. Por su cara interna y superior, una delgada lámina ósea la separa de la duramadre y el seno cavernoso(vena grande de la base del cráneo),la "dura"nos puede dar en la idem, si se rompe (meningitis).y el seno cavernoso hemorragia muy severa o trombosis (¡"coopelas o cuello!" dijo el chinito).

El Oído Interno, está incrustado en el Peñasco, porción inferior del hueso temporal, que reconoceremos por la apófisis mastoidea, o sea el huesito picudo atrás de la oreja. Al Oído Interno se le conoce como Laberinto y tiene una parte huesosa y otra membranosa, se comunica con el oído medio a través de la Ventana Oval, en donde se apoya el huesecillo Estribo-lenticular y una ventanita accesoria llamada tímpano secundario o Fosa Redonda.

El Laberinto posee dos órganos muy importantes y delicados, comunicados entre sí por una cámara común, el Vestíbulo; El 1° es el sistema Coclear o Auditivo, que consta de un ducto largo en espiral que se denomina "Caracol", que está rodeado por dentro y por fuera de líquido; la endolinfa que lo nutre y protege, adentro del Caracol están las terminaciones nerviosas del nervio auditivo, es lo que se denomina "Órgano de Corti", que capta las variaciones de presión de la endolinfa utricular y las convierte en señales eléctricas que envía a los centros auditivos en la circunvolución temporal del cerebro para su procesamiento e identificación. El 2° es el Órgano del Equilibrio, que consiste en 3 Canalículos o tubos Semicirculares, que nacen del Vestíbulo, el cual tiene una cavidad sacular que se denomina Utrículo también llena de endolinfa, esos canalículos están dispuestos en tres planos; superior, transversal y posterior, lo que permite que las vellosidades internas se pongan en contacto con las pequeñas partículas esféricas que flotan en la endolinfa y que cambian de posición de acuerdo a la posición de la cabeza y la fuerza de gravedad a la que estamos sujetos y de ésa manera transmiten información a los centros cerebelosos del equilibrio. Este genial aparatito, es responsable de que podamos orientarnos espacialmente y en conjunción con los datos visuales podamos deambular más o menos derechitos. Por supuesto cuando no funcionan correctamente producen Vértigo, náuseas y mareos, a esto se le denomina Laberintitis y es bastante frecuente, se relaciona a veces con la malfunción de los otolitos que circulan en los canales semicirculares o con el espesamiento de la endolinfa, pero también puede tener otras causas; inflamatorias, tóxicas, traumáticas o centrales cerebrales (cerebelosas).

La disminución de la capacidad auditiva y del equilibrio, constituyen una buena parte de la incapacidad de las personas senescentes para funcionar adecuadamente en su vida. Se estima que aproximadamente un 60% de las personas mayores de 65 años, presentan "Presbyacusia" (disminución de la audición, afectable socialmente). Las causas fundamentales son; Degeneración celular del tejido auditivo, Enfermedad crónica del oído medio, Enfermedad vascular, toxicidad al nervio Auditivo y exposición excesiva a sonido dañino. Lo primero que se presenta es la disminución de la captación de los tonos agudos de alta frecuencia, después se pierde la habilidad de discernir sonidos cuando existen varios simultáneos en el ambiente, luego la capacidad de orientación en la dirección del sonido, al perderse la capacidad biaural estereoscópica (misma captación en ambos oídos), y finalmente la disminución de la capacidad de percibir sonidos de intensidad normal. También es sumamente importante la pérdida de la capacidad de comprender el lenguaje, pero esto tiene causas cerebrales y a veces psicológicas, como suele suceder en la Depresión y los procesos degenerativos cerebrales, que ya hemos expuesto someramente.

Qué se puede hacer al respecto, forma parte de un programa personalizado llevado a cabo por especialistas o instituciones del mejor nivel disponible.

Los restantes órganos de los Sentidos, son menos complicados, pero no carecen de importancia. El órgano Olfativo, por supuesto situado en la nariz. ¡cuántas cosas se pueden decir de la nariz!, baste por lo pronto decir que somos "todo nariz", que sin ella no "somos nada", que aparte de darnos fisonomía, prosapia, personalidad y elegancia, también nos da múltiples problemas. Por lo pronto su función más importante es la de respirar, claro que no parece importante, pero definitivamente sí lo es; filtra, humedece y calienta el aire (toda esa porquería que inhalamos), nos protege de innumerables infecciones y agresiones al aparato respiratorio del que forma parte, y se mete donde no debe, (¡Ahí nó... por favor!)

El aparato olfativo está en gran parte disminuido en su capacidad en el hombre moderno, debido a la atrofia propiciada por la evolución y el desuso. Baste decir que evolutivamente el sistema Olfatorio era de vital importancia para la supervivencia de la especie humana y su reproducción sexual. Esto es sumamente evidente en las especies animales que comparten el planeta con nosotros (prácticamente todos sobreviven gracias a su olfato). Los nervios olfativos se originan en la denominada "mancha olfativa" que recubre la parte superior y final de las fosas nasales a ambos lados del septum, estos ramilletes confluyen y penetran en el endocráneo a través la Lámina Cribosa del hueso Esfenoides, conectándose con la glándula Hipófisis o Pituitaria en su lóbulo inferior, en donde están las primeras neuronas de relevo o ganglios olfativos primarios, desde ahí se dirigen al Hipocampo y tubérculos cuadrigéminos (ganglios cerebrales basales) y desde ahí, se conectan a las áreas de la memoria para su identificación y procesamiento. En dicho trayecto se relacionan con áreas cerebrales basales que tienen gran importancia en el procesamiento de las emociones. De ahí que el órgano olfativo sea tan emotivo y tenga tanto que ver con el enamoramiento, el deseo sexual, el miedo, la ira y la tristeza. Yo voy más lejos, pienso que el olfato es el responsable de las fobias y muchos estados de ánimo, además de ser muy importante en el impulso y en el atractivo sexual. Ahí sí definitivamente la nariz sí es órgano sexual. (Pero no sustituye al pene ni su tamaño tiene nada que ver con el tamaño de éste noble instrumento, como dicen las "malas lenguas").

A propósito de "lenguas", es preciso notar que el Aparato Gustativo, por supuesto reside mayoritariamente (casi exclusivamente), en la lengua, aparato muy apreciado y necesario y además absolutamente indispensable para la supervivencia de la mujeres. ¡Imagínense a una mujer "aglosa"(sin lengua), con el perdón de la personas mudas, no sé si sería el paraíso masculino o el "silencio ensordecedor" lo que tendríamos que padecer.

La lengua tiene funciones mucho más allá del simple aparato gustativo, de hecho es un órgano indispensable en la deglución, masticación, fonación y respiración (nada más!), no nos la acabaríamos nada más describiendo su anatomía y funcionamiento, baste decir que la componen 17 músculos. Las papilas gustativas casi exclusivamente situadas en la porción bucal de la lengua (tercio distal), son y han sido fundamentales en la preservación de la salud, ya que impiden que nos intoxiquemos con toda ésa porquería que nos llevamos a la boca (si tenemos sentido común), es preciso, por consiguiente enseñar a los pequeños seres humanos a apreciar sus facultades gustativas y discriminativas. Además como es lógico pensar, la educación de la lengua en muchos sentidos, puede hacernos mejores seres humanos y muy importantemente apreciativos de unos de los mayores placeres que tiene el ser humano; La conversación, la comunicación, el canto y el comer y beber bien.

El Sistema Táctil y Propioceptivo; consiste en todas las terminaciones nerviosas, que situadas en todos los músculos, piel, articulaciones y huesos, a los centros cerebelosos basales y corticales, acerca de la posición, sensibilidad y la situación espacial de nuestro cuerpo y sus partes en relación con el medio ambiente.

Permítanme concluir ésta atropellada exposición con unas pocas geniales palabras de uno de los íconos del Siglo de Oro Español; Francisco de Quevedo:

"Érase un hombre a una nariz pegado, era una nariz superlativa, era un peje espada bien armado. Las doce tribus de narices fuera, era en fin nariz tan fiera. Que en la cara de Annás fuera pecado". (Con mis disculpas para la admirada población semítica).

10. SISTEMA CARDIO-VASCULAR (I)

"Poniendo la mano sobre el corazón,
quisiera decirte, al compás de un son,
que tu eres mi vida... que no quiero a nadie,
que respiro el aire... que respiro el aire,
que respiras tú..."(Agustín Lara, por supuesto).

No conozco ninguna canción, ni ninguna forma tan bella de describir la tan publicitada y multicitada Técnica de Reanimación Cardiopulmonar, que todos deberíamos de conocer, dominar y realizar acertadamente. Por cierto, si me lo permiten (eufemismo que utilizan algunas personas cursis, para decir; ¡Hay les vá mi rollo!), trataré de describir brevemente:

Lo primero es el diagnóstico, (o sea; ¿Qué caraxos le pasa a éste guey?). Vemos a una persona (espero que no sea una muy querida), que de repente presenta síncope (eufemismo para decir que da el azotón, ¡Bajan!). Preocupados sinceramente o curiosos, nos acercamos y lo vemos; pálido cenizo, ("He looks like shit" diría un gringuito corrientón), el cuate no respira!, o "resolla" muy feo, está flácido, pero en menos de un minuto se pone tieso, voltea los ojos hacia arriba y convulsiona, a veces se hace "pipí", y obviamente "se está llendo", eso lo puede reconocer cualquiera. Dicen los clásicos que hay que buscarle el pulso, bueno si quieren pueden intentarlo, (el carotídeo, abajo del ángulo de la mandíbula es el mejor), pero mejor no pierdan mucho tiempo en eso; Mejor recuéstenlo bocarriba en algo horizontal, duro (la cama no es el mejor lugar), o pongan una tabla en la espalda, Jalen la mandíbula hacia arriba y hacia atrás, (la del paciente por favor no la propia), ábranle la boca y exploren con los dedos, a veces se encuentra algún objeto obstruyendo la laringe. Con la palma de la mano, denle un buen golpe en la mitad del pecho, (uno o dos, fuertes, que suenen!), si no tose o respira, cubran su boca con la propia, apretando su nariz (la del paciente por favor, no es hora de remilgos!), y soplen, exhalen con fuerza, hasta notar que el pecho del paciente se dilata, entonces, poniendo ambas manos, una encima de otra en la mitad inferior del pecho, en el centro (arribita de la "boca del estómago"), empujen con fuerza, cargando todo el peso del cuerpo(excepto si se trata de un niño o usted pesa más de 100 Kg!), que siquiera se hunda el pecho unos 5 o 6 cm , empujen; Uno, dos, tres, cuatro en rápida secuencia (más rápido de una vez por segundo) y vuelvan soplar vigorosamente en la boca del paciente, al ritmo de 3 o 4 compresiones del pecho por cada respirada en la boca. Lo mejor es hacerlo con dos personas asistiendo simultáneamente. No importa si en el proceso le fracturan una o dos costillas al paciente (muy común en personas ancianas), es mejor vivir con el "huacal" roto, que no hacerlo del todo.

Por supuesto si es posible antes de todo éste rollo, es preciso avisar y pedir ayuda médica profesional y si tuvieron la presencia de ánimo suficiente, observar el reloj (muy importante) y anotar la hora exacta. Si las cosas no cambian; el color del paciente, sigue pálido, cenizo o violáceo, es que, o no lo están haciendo bien o simplemente no hay mucho que hacer. Es muy importante adoptar un ritmo constante (no cumbia, ni new age) y no detenerse, hasta que llegue ayuda profesional, que podrá hacer muchas cosas mas, más eficaces pero también más agresivas y peligrosas. Sin embargo si ésta no está disponible en digamos 40 o 45 min y las cosas no han cambiado desde su inicio y sobretodo si la persona no muestra ningún signo de vitalidad; Observen sus ojos, toquen la conjuntiva, vean la pupila, si está dilatada al máximo y no responde a la luz. Es señal de que el cerebro ha dejado de funcionar y más vale que dejemos que la naturaleza tome su curso, porque aún en el supuesto de que de alguna manera se reinicie la actividad cardiaca y respiratoria, lo más probable es que el paciente evolucione a un estado de descerebración y coma irreversible y nadie se los va a agradecer, menos el "paciente".

Bueno, pero ¿que sucede con la circulación de la sangre? ¿Porqué es tan vital? (odio a éstos cuates que se hacen preguntas a si mismos y luego proceden a contestarse!) La sangre es el vehículo indispensable de la vida, conlleva todas las substancias nutrientes del organismo, hasta la última pequeña célula y ahí realiza su intercambio; deja agua, oxígeno, glucosa, etc. Y se lleva bióxido de carbono (resultante de la oxidación celular) y muchas otras substancias tóxicas. El retorno se efectúa por las pequeñas vénulas que nacen de cada tejido y confluyen en venas cada vez más grandes, hasta llegar al corazón, todos las conocemos (y las estimamos), La vena Porta (del hígado), Yugular (de la cabeza), Femoral (piernas) y ambas venas Cavas (que nada tienen que ver con bodegas de vino), que son por las que llega la sangre al corazón, una superior (cabeza y miembros superiores)y otra inferior (todo el resto del cuerpo), sólo hay otra sangre venosa que no llega por las Cavas, el Seno Coronario, que desemboca dentro de la aurícula derecha, y regresa la sangre miocárdica. La sangre fluye hacia el corazón debido a tres características fisiológicas y anatómicas; La primera es la presión hidrostática que ejerce la sangre capilar que esta fluyendo desde las arteriolas a los tejidos y llena las vénulas, la contracción muscular contribuye a esto. La segunda causa se debe a que las venas medianas tienen pequeñas válvulas sigmoideas (como pequeños nidos de golondrina) a lo largo de su trayecto, que impiden que la sangre regrese por gravedad. La tercera se denomina "Vis a Tergo" y se debe a que la presión intratorácica, disminuye por debajo de la atmosférica en cada inspiración, al descender el diafragma, y esto succiona la sangre hacia el corazón. La sangre venosa, ése líquido azulado o violáceo a veces, (todos tenemos sangre azul!), debe su color a la poca cantidad de oxígeno que contiene. Las venas sistémicas, son mucho más delgadas que las arterias, porque tienen muy poca capa muscular, pero son fácilmente distensibles. Las venas también envejecen y se adelgazan, algunas otras se "esclerosan"o endurecen, se vuelven tortuosas e irregulares con dilataciones y estrecheces, su sistema valvular a veces se torna insuficiente (hay un factor genético-hereditario en esto).Y claro, se producen Várices, sobretodo en las porciones del cuerpo más sujetas a la gravedad terrestre, pero no nada más, sino que cualquier obstrucción a su flujo puede causar varicosidades, como sucede en el embarazo, o con tumores. Las Várices o "Síndrome de Insuficiencia Venosa Periférica". Todos las conocemos; venas grandes dilatadas. tortuosas, piernas cansadas, hinchadas, edematosas ("gordotas"), torpes, débiles, la piel se torna delgada, translúcida, violácea(falta de oxígeno), dolor de piernas (no confundir con; dolorespadierna), úlceras (horror), necrosis (muerte de los tejidos), infecciones eternas y otras lindezas, afectan sobretodo a las mujeres. ¿Se pueden evitar? No siempre, pero esto ayuda; Evitar sobrepeso, vigilar embarazos (¿vigilar?, no manches Doccis), evitar fajas, ligas, no estar de pie demasiado, no permanecer con las piernas cruzadas demasiado tiempo (¡ábranlas de vez en cuando, ¡no sean malitas!).Y sobretodo; ¡Hacer ejercicio! Caminar, trotar, correr. ¡Sí, todos los días!, con constancia, que se vuelva un hábito.

El Corazón, ¡qué hermosa y noble víscera!, no hay nada semejante, con razón los aztecas, nuestros iluminados ancestros, lo veneraban al punto de devorarlo con fruición (creían que todas las cualidades de sus enemigos se les transmitirían, o algo así), o también se los ofrecían a sus dioses (¡qué "guevos", Nó?).

El corazón es de una sencillez asombrosa, de hecho es simplemente una bomba inhalante y propelente, bueno; dos bombas finamente sincronizadas y perfectamente adaptadas a su función particular, que no es idéntica, como veremos; el corazón derecho es de baja presión y gran capacitancia, maneja la Circulación Pulmonar, y el Izquierdo es de gran presión, alta resistencia y controla toda la Circulación Sistémica, todas las arterias sistémicas.

La sangre a su ingreso al corazón, lo hace por la aurícula derecha (Nota del cardiólogo que "llevo en la sangre"); excepto en las excepciones, que no son raras puesto que existen numerosas "Cardiopatías Congénitas", en donde todo puede pasar, hasta las más increíbles deformaciones que a veces son incompatibles con la vida. Bueno, la sangre llega a la Aurícula derecha, que tiene forma de botija o "bota de vino" (¡qué rico, no?), ésta aurícula se distiende, pero afortunadamente tiene en su porción superior (junto a la Cava Superior) un pequeño parche de tejido, que se denomina "Nodo Sinusal"y que es el "Marcapaso" del corazón, éste tejido envía periódica y rítmicamente pequeños impulsos eléctricos (aprox. 70 por minuto en reposo), hacia los tejidos subyacentes y los contrae cuando la aurícula está llena, en ése momento, el impulso del marcapaso ha llegado a la unión de las aurículas con los ventrículos, ahí sufre un retardo en el "Nodo A-V" (unos 10 milisegundos) y se propaga hacia los nervios del corazón; El "Haz de His" dos ramas, derecha e izquierda, desde donde se distribuye el impulso hasta todas las células contráctiles del corazón, "Células Miocárdicas" también denominadas "miofibrillas" y éstas al contraerse, primero el ventrículo derecho y luego (unos 4 mseg. después), se contrae el izquierdo, el cual forma casi el 80 % de la masa muscular del corazón. Y la sangre es expulsada hacia las arterias correspondientes, que son: la Arteria Pulmonar en el caso del Ventrículo Derecho, y la Aorta que sale del Ventrículo Izquierdo. En este contexto, éste denominado Sistema de conducción del Corazón, forma el Marcapaso natural del mismo. Infortunadamente, éste sistema se puede dañar por múltiples causas y puede producirse "Bloqueo Cardiaco", que consiste en una extrema lentitud en el latir del corazón, que suele producir mareos, Angina de Pecho, bajo "Gasto Cardiaco", Síncope o inclusive Muerte Súbita, (¡asústame panteón!), ¡Ay nanita! (otra manera de decir ¡Oh my God!). Afortunadamente (no contaban con mi astucia), esto se puede corregir implantando un Marcapaso eléctrico artificial, genial dispositivo que ha salvado incontables vidas. Alguna vez les contaré como se hace eso.

Bueno, pero qué es eso de "Gasto Cardiaco", Angina o Síncope? (Háblanos en "cristiano" Doccis!). Gasto Cardiaco es el volumen de sangre que mueve el corazón (y transportan todos los vasos sanguíneos) en un minuto, aproximadamente: 5 lt/min en reposo (hombre promedio de 70Kg), y Volumen por Latido es la cantidad de sangre que expulsa cada uno de los ventrículos en cada sístole o contracción. "Angina" es un síntoma y se refiere a dolor intenso, opresivo, asfixiante, angustiante en el pecho o su cercanía (a veces se siente en la mandíbula o en la "boca del estómago, en el brazo izquierdo o en la mano (¿curioso, no?), a veces dura unos pocos segundos, es sumamente inquietante, se siente como algo insoportable (como si un elefante le pusiera a uno la pata en el pecho, yo lo he sentido), produce frecuentemente sudoración fría, profusa y "falta de aire". Si la angina dura más de 10 o 12 min. Es mejor ir al Hospital más cercano, pero uno que tenga Laboratorio de Cateterismo Cardiaco y Cirugía Cardiaca funcional y personal competente, si no saben donde o no tienen quien los lleve, mejor quédense en su casa y llamen a un buen servicio de Urgencias que tenga Terapia-Móvil. El riesgo de un Infarto Miocárdico inminente severo es alto y hay que actuar con rapidez y decisión.

El Síncope es simplemente un desmayo, una pérdida súbita y transitoria del conocimiento, puede ser desde inofensivo mareo o "desgüanso","desmayatamiento", en donde no hay pérdida real del conocimiento, hasta un real "knock-out", en donde la persona pierde totalmente control de sus funciones cerebrales, cosa muy grave si dura más de un par de minutos. Es muy importante observar si existen convulsiones antes del desmayo, en cuyo caso es muy probable que se trate de un ataque epiléptico, a veces se observa un comportamiento anormal, movimientos estereotipados de ojos o manos, espuma en la boca o mordedura de lengua, antes del episodio. Es muy importante en todo caso asegurarse de que el paciente tiene pulso arterial o latido cardiaco y si respira bien.

El Síncope o Lipotimia, como también se le llama, se debe a falta de irrigación sanguínea cerebral, y esto puede ser por causas directamente cerebrales, P. Ej; Un golpe en la cabeza, una hemorragia cerebral repentina severa (casi siempre produce muerte súbita), una Embolia Cerebral, (un coágulo que viajó desde el corazón hasta el cerebro), o una Trombosis Vascular Cerebral, (coágulo u obstrucción "in situ" de una arteria cerebral principal). Todos producen daño cerebral de acuerdo a su grado de severidad. Sin embargo existen casos de "Isquemia Cerebral Transitoria", en los que por así decirlo el cerebro se desconecta transitoriamente, cuando se le restringe importantemente su flujo sanguíneo arterial, como cuando existe enfermedad obstructiva de una arteria carotídea,(en el cuello) o menos probablemente una arteria vertebral. En éste caso pueden estarse produciendo pequeños coágulos en la luz de la arteria afectada, los que al desprenderse van a ocluir territorios cerebrales diversos. Esto también lo puede producir un objeto extraño cualquiera que se haya alojado en el corazón que se desprenda y viaje hasta el cerebro. P.Ej: una bala, un parásito, una aguja o un catéter. También se pueden producir "Embolias Sépticas" cuando existe un proceso infeccioso en el corazón o en los pulmones, suficientemente severo para producir tejido necrosado o purulento que se introduzca al corazón izquierdo.

Existen otros muchos cuadros clínicos que pueden producir síncope de origen cerebral, desde trastornos emotivos severos y a veces no tanto, trastornos químico-metabólicos tóxicos, como en la hipoglucemia (baja en los niveles de glucosa, común en diabéticos), intoxicaciones de muchos tipos, venenos, inhalación de gases tóxicos carboxihemoglobinemia (intoxicación de monóxido de carbono, muy común en incendios). Así como los síndromes clínicos que cursan con presión intracraneal elevada, como en los tumores o abscesos cerebrales, o aún en casos de "Hidrocefalia" hipertensa, cuando no puede drenar adecuadamente el líquido cefalorraquídeo del cerebro a la médula espinal.

El Síncope de origen cardiovascular, es igualmente complejo, puede deberse a Bloqueo Cardiaco (ya mencionado), a Enfermedad del Nodo Sinusal, en donde el pequeño tejido que sirve de marcapaso natural se niega a funcionar debidamente. Pero también puede deberse a obstrucción súbita severa de una arteria Coronaria, condición grave que puede terminar la vida, aún antes de que se desarrolle un infarto miocárdico (que no se desarrolla, porque el corazón se detiene y no tiene tiempo de infartarse!), a veces el Síncope Coronario es el primer síntoma de un infarto severo, aunque no siempre es causa de Muerte Súbita.

Otras causas de Síncope cardiaco, pueden ser; Arritmias cardiacas de cualquier tipo, algunas peligrosas y otras no tanto. Que son literalmente falta de ritmo en la contracción y latido cardiaco, puede consistir en pausas demasiado cortas, largas, frecuencias irregulares, lentas o demasiado rápidas. Todo lo cual conduce a que la sangre no pueda ser impulsada por el corazón hacia los tejidos cerebrales (y a todos los demás), o sea que el Gasto Cardiaco y Volumen Ventricular por Latido (Flujo Sanguíneo) ha disminuido severamente o cesado del todo (Paro Cardiaco) a éste estado se le denomina "Shock Cardiogénico" o Colapso Cardiovascular. (The patient "crashed" dicen los médicos de "ER"). Pero no nos pongamos tan trágicos, como dicen que dijo la Reina María Antonieta, cuando la llevaban a la guillotina (en taxi real, carreta de lujo tirada por un caballo); "¡Non surfaire!,(no mameís en francés), Voilà! ¿Perdre la tète pour un niais?.. ¡Oh la-là!".

A veces el síncope cardiaco puede deberse a Enfermedad Valvular o subvalvular obstructiva severa de la aorta, a Disección de la capa interna del mismo vaso (horror!), a Cardiopatía (enfermedad cardiaca) Hipertrófica (mucho músculo)o Dilatada (músculo fláccido), condición que puede suceder hasta en personas jóvenes (algunos atletas también) y puede ser causada cuando menos en parte por la utilización de esteroides anabólicos.

Pero también puede presentarse síncope casi inofensivo, como cuando se presenta debido a una Distonía Neurovegetativa Cardiovascular o "Vaso-vagal", que no es más que un trastorno funcional en los sistemas nerviosos de control de la presión arterial, el retorno venoso, de la frecuencia e intensidad del latido cardiaco. Sucede que el corazón y todos los vasos sanguíneos tienen un sistema de control casi perfecto, para proporcionar un flujo sanguíneo adecuado a todas las regiones del organismo. Esto se puede "descomponer" por varias razones algunas conocidas y otras no. Dos sistemas nerviosos controlan la actividad cardiaca, el nervio o nervios Neumogástrico o Vago (parasimpático), que "frena" o enlentece al corazón y su neurotransmisor es la Acetilcolina. Y por otra parte, las terminaciones "Simpáticas", del Sistema Nervioso Autónomo (no son "Tecos"), también llamado "Neurovegetativo". (Lo siento yo no les puse éstos nombres), que aceleran y aumentan la fuerza contráctil del corazón y contraen los vasos sanguíneos, su neurotransmisor típico es la Adrenalina. Algunas veces trastornos aún leves de éstos mecanismos pueden causar síncope o "Hipotensión Postural" y claro desmayos, a veces causados por algo tan simple como compresión del "Nodo Carotídeo" (en el cuello), o una impresión emocional (en algunas personas), ver sangre, miedo intenso, estar de pié largo tiempo (centinelas), Hiperventilar, como en la "Crisis o Espasmo del Sollozo", común en niños con "Pataleta" o Berrinche y también algunas personas hipersensibles. Esto se debe a que se pierde demasiado bióxido de carbono y se produce "Alcalosis Respiratoria". Su tratamiento consiste en reinhalar el aire respirado en una bolsa cerrada, (de papel es mejor).

Continuaremos, si me lo permiten, en el siguiente electrizante episodio.

Doccis

11. SISTEMA CARDIOVASCULAR (II)

"Yo no vengo a que me quieras, ni ha cantarte una canción;
Sólo vengo a reclamarte, que me dés mi corazón.
El corazón que una noche, muy confiado te entregué
Y sin ver que me engañabas, en tus manos lo dejé.
Ya veo que me lo devuelves. Pero yo te lo di entero...
En pedazos no lo quiero..., Te puedes quedar con él".

¿Quién no recuerda ésta hermosa canción de la inspirada tapatía María Elena Valdelamar, cantada por "Los Bribones?" Algunos me tildarán de "cursi", acepto el calificativo y ofrezco el antídoto "romanticismo cardiovascular" que me gusta más.

Quedamos en que la sangre llegaba a la aurícula derecha, cosa indispensable si queremos que el pobre cuate (el corazón) la impulse nuevamente (pero mejoradita por favor). Nadie puede dar lo que no tiene, este simple hecho a veces es difícil de transmitir. Por eso si la sangre no retorna (*"Retorna vinccitore"* cantaba "Aida"), como cuando sangramos, nos deshidratamos, o la sangre es "secuestrada" en la parte baja del cuerpo, como en un estado tóxico, peritonitis o algo así, se produce "shock" que no es sino un colapso vascular, también sucede cuando un avión o elevador sube velozmente, podemos sufrir un desmayo.

La sangre (y cualquier líquido corporal), están sujetos a la gravedad y las leyes de hidráulica, por tanto ejercen fuerza en las paredes de los vasos y estructuras cardiacas. Esta fuerza se denomina Presión Sanguínea. Ésta presión en la Aurícula Derecha, es la menor de todo el sistema cardiovascular y se denomina "Presión Venosa Central", es alrededor de 4 o 5 cm de agua, y se aprecia observando la altura de llenado de una de las venas más conspicuas del organismo, la vena yugular, lo normal en éste caso es la distensión de éste vaso aproximadamente hasta la mitad del cuello (acostado, con una almohada), unos 10 cm desde la horquilla esternal. Esta presión venosa central es de gran importancia pues representa la presión de "llenado" del corazón y cuando está elevada puede indicar "Insuficiencia Cardiaca" o falla del corazón derecho.

La sangre auricular pasa hacia el Ventrículo Derecho, a través de la válvula "Tricúspide", adosada dentro de éste, el ventrículo derecho es de paredes más delgadas que el izquierdo, pero es tan eficiente como él, al contraerse abre la Válvula Pulmonar" y expulsa la sangre hacia la Arteria Pulmonar, vaso grandote que sale del corazón debajo de la Aorta, e inmediatamente se bifurca y dirige hacia los pulmones, ramificándose y distribuyendo la sangre venosa hasta los más recónditos alvéolos pulmonares. Este paso y distribución se realiza debido a la presión que ejerce el Ventrículo Derecho hacia la Arteria Pulmonar, a esto se le denomina "Presión Arterial Pulmonar" normalmente alrededor de 25 o 30 mm Hg. en sístole. Recordemos que el ciclo cardiaco tiene dos fases; Sístole o contracción (expulsión) y Diástole o dilatación (llenado), la sangre como todos los fluidos se mueve por diferencias de presión que denominamos "gradientes", y cualquier obstáculo, como puede ser la estrechez de un vaso o de una válvula o insuficiente (regurgitante), aumentarán la presión por detrás de ésta, a veces a niveles insoportables para el progreso de la circulación sanguínea. También un aumento en la Resistencia Vascular, como puede ser un engrosamiento, rigidez o contractura de los vasos pulmonares, estrechez de los mismos, coágulos o émbolos en el sistema, (Embolia Pulmonar), también rigidez o "esclerosis" del tejido pulmonar (Enfisema), o la presencia de tumores comprimiendo vasos pulmonares, pueden producir Hipertensión Arterial Pulmonar y esto a su vez puede hacer fallar al Ventrículo Derecho. Esto puede suceder en los casos de "Embolia Pulmonar", condición grave que resulta de la migración, previo desprendimiento de un coágulo procedente de una vena inflamada de cualquier parte del cuerpo, frecuentemente de las piernas. Como sucede en personas que tienen hipercoagulabilidad (hacen coágulos sanguíneos fácilmente), o cuando permanecen en reposo mucho tiempo, acostados o sentados (piernas cruzadas largo tiempo son un ¡no-nó!), por supuesto si tienen várices, obesidad, diabetes, o ingieren poco líquido (el alcohol no cuenta, más bien es al revés). A veces se presenta Flebitis o Tromboflebitis (inflamación de una vena) en las piernas y esto puede ser peligroso porque puede desprenderse un coágulo e ir a alojarse a un pulmón o ambos (gravísimo, si son grandes los coágulos). La Flebitis se reconoce porque causa dolor, inflamación (enrojecimiento-calor-hinchazón), de una o varias venas de las piernas, requiere tratamiento inmediato, reposo y a veces cirugía endovascular de urgencia.

También, como si fuera poco, cuando el corazón izquierdo, no puede manejar la cantidad de sangre necesaria para las necesidades corporales (falla ventricular izquierda), situación frecuente en los casos de "Infarto Miocárdico" severo, la presión sanguínea venosa pulmonar se eleva tanto, que los pulmones se llenan de sangre y ésta "trasuda" hacia los alvéolos pulmonares y se produce "edema pulmonar"(encharcamiento del "bofe"), el paciente no puede respirar y expectora sangre (horror!), esto puede ser mortal si no se trata a tiempo. También puede suceder que la válvula que admite sangre desde la aurícula izquierda (la que recibe la sangre venosa pulmonar), denominada Válvula Mitral, se encuentre enferma (muy común en casos de Fiebre Reumática) y obstaculice el paso de sangre desde la aurícula izquierda al ventrículo correspondiente y también puede causar el dichoso Edema Pulmonar. También puede causar una arritmia que se denomina "Fibrilación Auricular", que resulta de la dilatación y a veces "isquemia" (pobre irrigación sanguínea) auricular, en éstos casos a las aurículas les entra una "temblorina" incontrolable, y no pueden contraerse y vaciarse adecuadamente, por lo que hay riesgo de formación de coágulos intraauriculares, que son fácilmente desprendibles y frecuentemente van a alojarse (sí, ustedes adivinaron), al cerebro y producir daño severo de acuerdo al tamaño y número de los émbolos, pero que también pueden migrar hacia cualquier territorio del organismo y producir infarto en el tejido en donde se alojen (intestino, pierna, riñón, etc), ¡Qué gacho!,¿no?. En éstos casos conviene prevenir, convirtiendo la arritmia eléctricamente, con medicamentos, o administrando anticoagulantes al paciente.

La válvula Aórtica, que se abre en la sístole ventricular izquierda y expulsa la sangre hacia éste gran vaso, también se puede enfermar y estrecharse o no cerrar completamente (regurgitar) y hacer trabajar excesivamente al corazón izquierdo, lo que lo hace crecer y dilatarse excesivamente a veces y fallar, ésta condición frecuentemente (como el daño a la válvula mitral), requiere Cirugía Cardiaca con Reemplazo valvular (injerto o prótesis).

El tejido miocárdico que es casi 100% músculo, es extraordinario, inicia su contracción desde las primeras semanas de la gestación y dura, dura y dura (más que cualquier conejito de Duracell), a veces sigue latiendo aún después de la muerte del cerebro. Tiene cuatro características; Contractilidad, Excitabilidad, Conductibilidad y Sincronicidad, funciona como una sola célula es decir; Es un "Sincicio", lo que quiere decir que si se contrae una, se contraen todas las células viables.("Uno para Todos y Todos para Uno" como los 3 Mosqueteros). Es extraordinariamente fuerte y resistente, dentro de sus límites fisiológicos y aún más allá, nunca se cansa, y pese a todo lo que se diga "Nunca se Enamora", ni se destroza ni se parte por una mujer, una pena o una traición. (lástima yo que creía tener sangrando al corazón por una ingrata). Pero el corazón también se enferma y se daña sobre todo cuando le falta oxígeno; primero se contrae débilmente, luego irregularmente (arritmia), y luego a veces hace un paro.(sentimentalón el tipo, no aguanta nada!). Puede sufrir infecciones o infestaciones parasitarias, virales o bacterianas, inflamaciones inmunológicas (reacción de rechazo en corazones trasplantados), agresiones; balazos, puñaladas, coces de cuadrúpedos (borrachos de 4 patas). Una vez tuvimos un caso de un albañil que cayó de un andamio y se clavó en el corazón la pluma fuente que llevaba en la camisa, al destapar la pluma salíó un chorrazo y por poco se muere. Lo operó rápido mi amigo y colega el inolvidable Dr. Juanito López (QEPD) y al día siguiente estaba caminando nuevamente.

El miocardio (tejido cardiaco) requiere poco o nulo mantenimiento, pero eso sí no lo dejen sin oxígeno, ni alimento; agua, glucosa-3-6-fosfato, triglicéridos, fosfolípidos lactatos, piruvatos, colesterol, sodio, potasio, magnesio, bicarbonato, todo en dosis adecuadas y balanceadas, temperatura y pH (acidez –alcalinidad de 7.4), igual que todo el organismo.

Todos estos nutrientes se los proporciona su sistema arterial Coronario ("Coronaria", creo que esta es la palabra más famosa después de la invención de la cerveza "Corona"). Y esto es porque la Enfermedad Arterial Coronaria, es desde hace más de 40 años, la principal causa de muerte en prácticamente todo el mundo (excepto en países muy subdesarrollados, en donde la muerte violenta o producida por infecciones es aún mayor).

Los vasos coronarios, arterias-capilares-venas, están colocados en la superficie del corazón, el "Epicardio". Vale la pena decir que el corazón tiene tres capas principales; Miocardio (músculo), Pericardio; membrana serosa que lo envuelve protege y sostiene, y Endocardio; membrana fibro-elástica que lo tapiza por dentro. Las arterias coronarias nacen de la raíz de la Aorta y son dos; Derecha, que se dirige hacia el surco aurículo-ventricular derecho, irriga todas las estructuras derechas y la parte inferior del corazón (cara diafragmática). Y la arteria Coronaria Izquierda, que se divide casi inmediatamente y origina la Arteria Coronaria Descendente Anterior que baja en el surco interventricular, es la arteria más importante del organismo, (se le denominaba la "Arteria de la Muerte"), irriga la pared anterior del ventrículo izquierdo, Ápex (punta) y el Septum (pared) Interventricular, y da origen a la Arteria Circunfleja Izquierda, que irriga la pared posterior, lateral e inferior del corazón.

Las venas coronarias nacen de la red capilar miocárdica, y confluyen en el Seno Coronario, que drena en la Aurícula Derecha.

La sangre fluye por las arterias coronarias, fundamentalmente en diástole (cuando el corazón está relajado) y está finamente armonizado de acuerdo a la actividad del corazón.

Las arterias "c", tienen al igual que todas las arterias, tres capas principales; Adventicia o exterior, que tiene una finísima red de vasos y nervios (vasa-vasorum).La capa Media (muscular y conjuntiva), que es capaz de contraerse o dilatarse para regular el flujo. Y la capa Íntima o endotelial que tiene una riquísimo plexo subendocárdico que interactúa muy importantemente con la sangre que conduce hacia el miocardio. Y es ahí precisamente donde se origina la Enfermedad Coronaria; el Endotelio vascular.

El problema es complicado y fascinante a la vez, la "disfunción endotelial coronaria", se presenta a veces desde la mediana edad y aún antes, debido a múltiples causas, existe un factor genético-hereditario muy prevalente, pero tiene un resultado común muy grave; enferma las arterias, las vuelve rígidas, tortuosas, las estrecha severamente en ocasiones e impide un adecuado flujo sanguíneo hacia el miocardio que no puede detener su trabajo. El efecto más evidente es la formación de "placas" endoteliales de material fibroso, con depósitos de Colesterol y Calcio en la pared de las arterias., lo que tiende a ocluírlas a veces parcialmente y a veces totalmente, restringiendo el flujo sanguíneo en mayor o menor medida. A éste proceso se le denomina "Aterosclerosis Coronaria" y no es privativo ni exclusivo de las coronarias, suele ocurrir en todas las arterias del organismo, salvo las más pequeñas (Gracias a Dios!).

El proceso ateroscleroso o arterioescleroso, es sumamente complejo y tiene diversas causas, pero fundamentalmente tiene que ver con los aspectos nutricionales de nuestra especie, P.Ej, si a un animal de laboratorio se le administra la dieta humana contemporánea, es casi seguro que desarrolle Aterosclerosis. Otros factores son, la presencia de radicales libres, agentes superoxidantes, y otras substancias tóxicas para el endotelio, como son muchos gases y substancias; Monóxido de carbono, Nicotina, compuestos azufrados, o amoniacales, y muchas otras porquerías que inhalamos; tabaco, "smog", hidrocarburos, cocaína, etc.

Otros factores son; el tipo de actividad física del individuo (el estilo de vida sedentario, aumenta casi 3 veces la propensión a la ATE (aterosclerosis), la Obesidad, (aumenta casi 2 veces), el Síndrome "Metabólico", la Diabetes Mellitus, Hiperinsulinemia, la Hipertensión Arterial, y por supuesto; los niveles elevados de lípidos en la sangre, fundamentalmente lipoproteínas como el Colesterol de Baja Densidad (LDL y VLDL), Triglicéridos, etc). El "Stress" Emocional laboral crónico, también se asocia a la génesis del proceso ateroscleroso. También se ha observado relación de la ATE con infecciones crónicas, como Herpes y otras. Otro factor de gran importancia descubierto recientemente es la "Disfunción Plaquetaria", que tiene que ver en cómo se coagula la sangre dentro de los vasos. Resulta que las plaquetas(corpúsculos sanguíneos), son vitales para inhibir las hemorragias que pueden acontecer cuando hay una lesión vascular. Pero cuando existe una lesión, anfractuosidad o irregularidad dentro de las arterias, propiciada por stress, trauma o estiramiento excesivo de la pared vascular, las Plaquetas empiezan a formar el coágulo para tratar de recubrir o minimizar el daño, además las plaquetas producen un factor de crecimiento celular en las células de músculo liso de las arterias y forma células "espumosas" de grasa y de éste modo la placa y el coágulo tienden a obstruir total o parcialmente la luz de la arteria. Ahora la dichosa "placa", a veces se despega, ulcera o "desestabiliza" debido a la turbulencia sanguínea que naturalmente se produce. La región subendotelial del vaso afectado, sufre degeneración grasosa, y se inicia un proceso inflamatorio crónico que tiende a engrosar la pared vascular, a esclerosarla, a veces a calcificarse y a dejar de ejercer su función, que es la dilatación-contracción, regulatoria..

La Enfermedad Coronaria, puede manifestarse clínicamente de varias formas; Puede pasar inadvertida por muchos años y la persona morir de cualquier otra cosa. Puede presentarse gradualmente, obstruyendo uno varios vasos poco a poco y producir "Isquemia Silenciosa", o sea asintomática, (Isquemia significa irrigación sanguínea insuficiente), que va dañando lentamente el músculo cardiaco a través de los años y finalmente producir Insuficiencia Cardiaca, crónica irreversible, solo tratable con Transplante Cardiaco. Puede también presentarse como Angina de Pecho crónica estable o inestable, de acuerdo a la evolución de las placas ateromatosas mencionadas, y también con daño miocárdico de grado variable. Puede asimismo presentarse como "Infarto Cardiaco"(muerte del tejido) transmural (todo el espesor de la pared miocárdica), cuya severidad dependerá de la extensión y la localización del mismo. P.Ej. Infarto en el Septum (tabique interventricular), lo puede perforar (malo), o en un músculo papilar de la válvula mitral, puede producir súbita insuficiencia de la misma, ambas condiciones muy graves que requieren cirugía cardiaca de emergencia. Peor si la perforación es en la pared libre del ventrículo, en ése caso, casi no hay tiempo de operar, y la muerte ocurre en pocos minutos. Pero también hay infartos chicos, medianos y grandes, múltiples o parciales (subendocárdicos, cuando no todo el espesor de la pared se infarta.. A veces nada de esto sucede, pero se presenta una Arritmia (literalmente falta de ritmo), que puede ser muy grave o no tanto.

Un infarto miocárdico típico, presenta dolor torácico severo, con falta de aire y sensación de muerte inminente. Se ha ocluido una rama coronaria importante. El corazón no puede contraerse con eficiencia y la presión arterial baja, el paciente puede sufrir "Shock Cardiogénico", o simplemente tolerarlo más o menos bien. Pero si se presenta una Arritmia severa; Taquicardia Ventricular o peor aún Fibrilación Ventricular, el paciente puede morir súbitamente en menos de 3 minutos, si no se le trata adecuadamente (Electrochoques y Maniobras de Reanimación Cardiaca). En todos estos casos, es mandatario ir a un Hospital de 3er nivel, que cuente con Laboratorio de Hemodinámica (Cateterismo Cardiaco), y Cirugía Cardiovascular. Porque si el paciente es atendido antes de las 4 o 6 horas del inicio de los síntomas, el team cardiológico intervencionista, puede liberar la obstrucción coronaria mediante la Angioplastía Coronaria Transluminal (ACTP), procedimiento de Cateterismo Cardiaco, que se realiza através de una arteria periférica y donde se infla un pequeño balón dentro del vaso ocluído y se restaura su permeablidad. A veces es necesario colocar un pequeño tubito endovascular (Stent Coronario), que sirve como un tunel de sostén, para evitar que se vuelva a ocluír nuevamente. De esta manera se puede evitar el infarto inminente. Cuando el procedimiento se hace más tardíamente, de todos modos se puede minimizar el daño miocárdico y restablecer el flujo sanguíneo en el área o áreas afectadas. El tratamiento es complicado, riesgoso y costoso, pero su eficacia es indudable y ha salvado muchas vidas cuando es exitoso.

Cuando las arterias coronarias se han obstruído severamente y no es posible realizar la Angioplastía. Puede o debe intentarse reestablecer el flujo coronario quirúrgicamente, con alguno de los procedimientos de Revascularización Miocárdica, que consisten en reemplazar o "puentear" los vasos dañados con Cirugía a "Corazón Abierto" (Bypass Coronario), que requiere "Circulación Extracorpórea", procedimiento que deriva toda la sangre del paciente a una Máquina Cardiopulmonar, que reemplaza la función del corazón y los pulmones por periodos cortos. Actualmente éste procedimiento se ha simplificado con nuevas técnicas que no requieren Circulación Extracorpórea, lo que representa un maravilloso avance de éstas técnicas quirúrgicas y prolonga la vida y su calidad.

La Hipertensión Arterial Sistémica (porque también hay Hipertensión Arterial Pulmonar). Es otro "flagelo" (manera mamífera de decir que amenaza nuestra salud). Sus causas pueden ser múltiples, pero la más frecuente es aquella que los médicos denominan "Esencial", o sea que no sabemos qué "caraxos" la produce. Sin embargo, sabemos que el proceso de envejecimiento arterial y la Aterosclerosis juega un papel fundamental en la génesis de ésta enfermedad, así como muchas otras causas.

Desde el punto de vista funcional, el asunto es muy sencillo; La Presión en las arterias se genera con la contracción y expulsión de sangre desde el ventrículo izquierdo. La aorta amortigua, modula y controla tal impulso y lo transmite a todas las arterias y arteriolas. Existe un sinnúmero de mecanismos físico-químicos que controlan dicha fuerza y flujo sanguíneo para su adecuada distribución. Esto se realiza a través del control de la Resistencia Vascular, que tiene que ver con interacciones neurohumorales (nerviosas y hormonales), que contraen o abren alternativamente los vasos de resistencia, que son todas las arterias, fundamentalmente las más pequeñas, las arteriolas. Uno de esos mecanismos está regulado por hormonas (substancias químicas mensajeras) y un sistema increíblemente complicado generado por la necesidad de los riñones de filtrar la sangre de todas las impurezas. Por lo que necesitan una presión y un flujo abundante y constante. De ahí que los riñones produzcan una hormona indispensable para el control de la presión, La Angiotensina I y II. Existen muchos otros mecanismos moduladores , pero éste ha recibido atención fundamental y forma la base del tratamiento noderno medicamentoso exitoso de la Hipertensión Arterial Sistémica. El manejo de esta extraordinariamente prevalente enfermedad, requiere "total comittement", o sea "ponerse las pilas completamente". Los médicos modernos son bastante eficaces para controlar y aminorar los efectos de ésta letal enfermedad, que desgasta terriblemente nuestro sistema cardiovascular que puede dejarnos peor que muertos, con grados de incapacidad, frecuentemente cerebral, inauditos.

Existen otras muchas formas de Hipertensión Arterial. Incluyendo entidades existentes desde la niñez. Algunas son totalmente tratables, como la Enfermedad Renal, la Coarctación Aórtica, la Estenosis de las Arterias renales, o el Feocromocitoma. (que describiremos después).

La Enfermedad Coronaria, no se cura, pero puede controlarse y aminorar sus letales efectos, esto requiere continuos esfuerzos médicos y económicos. Muchas personas expresan que no tiene caso tal esfuerzo, que "de algo nos tenemos que morir". Que la muerte por infarto es una suerte deseable. No saben lo que dicen. Menos del 20% de los pacientes con Infarto Miocárdico Agudo mueren súbitamente. El resto sufren un verdadero "Vía crucis" (si no se tratan adecuadamente y aún a pesar de ello). La Invalidez, la incapacidad y la disminución excruciante de las capacidades mínimas para sobrevivir (respirar por ejemplo), no son raras.

Bueno pero ¿Qué se puede hacer para prevenir o disminuir los estragos de ésta letal enfermedad? Yo pienso que hoy día, todo el mundo los conoce: No Fumar, no excesos alimenticios, no a la Obesidad, No grasa de origen animal, Control fino de la Diabetes e Hipertensión Arterial, Controlar el Stress, Chequeos médicos periódicos, etc.

Sólo que ésas sabias y prudentes recomendaciones no agradan a la mayoría de las personas en riesgo (prácticamente la totalidad de la población arriba de 40 años). Bueno pues cada quien su "rollo", pero yo opino que si de verdad somos personas racionales y no somos simplemente entes sujetos a las fuerzas de la naturaleza. (aún los animales luchan por sobrevivir, acción derivada del noble instinto de la Supervivencia de la Especie).

Sin embargo si realmente (y egoísticamente) consideramos que nuestra vida no tiene sentido, que no representamos ninguna ventaja (para los demás o para nosotros mismos), en la sociedad o comunidad a la que pertenecemos. Pues entonces si tiene sentido el vivir irresponsablemente. Sin embargo, aún en éstos casos, considero que no tenemos derecho a fastidiarle la vida los demás, por más que sean nuestros parientes, descendientes o amigos, o aún a aquellas personas que se preocupan por nosotros por puro y sincero altruismo.

Otras muchas enfermedades cardiacas existen y fastidian la vida de los seres humanos, pero no creo justo fastidiarles la vida a ustedes mis amables y pacientes lectores, de modo que finalizaremos recordando la vieja cancioncilla:

"Mi corazón, gitano por fin se volvió. Su cárcel rompió, igual que un gitano vivió. Tal vez hallará un día un amor de verdad, entonces su camino detendrá y se quedará..., Cossi"

Y me despido, recordándoles que es un hecho; El Corazón, sí tiene "patitas". (un día les contaré por qué tengo evidencia de tal hecho).

12. APARATO RESPIRATORIO

"Who has ever seen the wind...? Neither you, nor I... But when the leaves on trees wave and start t'fall down. The wind is passing by..." ¿Quién ha visto el viento?... Ni yo, ni siquiera tú... Pero cuando se agitan y caen las hojas de los árboles. El viento, pasando está..."

Este fragmento poético, que escuché de mi padre hace eones y cuya autoría desconozco, (espero que ustedes me saquen de la duda), probablemente fueron las primeras palabras en inglés que escuché. Me gusta, me recuerda mi infancia.

El aire, el viento, el céfiro, la brisa, el norte, el santana, el simún, los alisios, y mil nombres más. Sin embargo dicen en mi pueblo que:"viento, sólo el que sale de atrás es bueno", seguramente porque no han estado en el mar en una calma "chicha".

Sin esa masa gaseosa que llamamos atmósfera terrestre, de ninguna manera existiría vida en la tierra. Con sus excepciones por supuesto; No oxidación, no procesos vitales, sin embargo existen algunas especies vegetales y animales que prosperan en ambientes sin este vital elemento, como las letales bacterias anaeróbicas como; Botulinum, Clostridium (botulismo, gangrena gaseosa). Existen especies que han incorporado en sus procesos metabólicos gases como el bióxido de azufre, metano o el arsénico, de modo que no es totalmente increíble que en planetas desprovistos de atmósfera oxigenada, pueda existir vida.

A propósito de esto; cuentan que una vez que se aproximó una pequeña nave interplanetaria y se acercó al Estadio Azteca (o al Jalisco), a observar el comportamiento de los terrícolas.

Enviaron un escueto comunicado a su lejano planeta, diciendo: "Confirmado comando, No existe evidencia alguna de vida inteligente en el 3er planeta, cambio y fuera".

Como quiera que sea esto, dependemos del aire, y en sentido estricto más bien del oxígeno, para extraer la energía que necesitamos. Por eso nuestro metabolismo se denomina "aeróbico". "Metabolismo", son todas las reacciones químicas que utilizan las células para sus funciones vitales que requieren energía, "Catabolismo" es el proceso químico de destrucción de las mismas, y "Anabolismo", esas mismas reacciones cuando incrementan el tamaño, cantidad o eficiencia de sus tejidos. Cuenta mi esposa que una vez con sus amigas, una le preguntó a otra, que; ¿porqué, no había podido bajar de peso, a pesar de la Dieta de moda? A lo que contestó la inferida; "Es que el Doctor dice que estoy enferma del "Metabolismo"". ¿Y qué es eso? preguntaron todas. "Es la "Bola" llegando a su "Meta", contestó socarronamente (la "bola de años").

Bueno; La respiración, ¿Quién respira? "¿Quién respiró?, preguntó airado el capitán del submarino, cuando se le opacó el lente del periscopio en el momento clave de lanzar un torpedo, (yo creo que nadie, más bien fue otro caso de; "Peyador anónimo, strikes again!").

Todos los seres vivos respiramos, es una función que nos caracteriza, aunque a veces decimos que "la luna respira amor" y que sepamos la luna es sólo queso. Bien (que sangrón eres Doccis). ¿Los pulmones respiran?, Nones, aunque así parece, las células son las culpables. Los pulmones y todo el "árbol" respiratorio, son tan sólo un medio de conducir el vital oxígeno a las células y si nos ponemos muy estrictos, el sistema cardiovascular también. Son un sistema transportador nada más.

Pero vamos, éste es un problema fundamental. Podemos estar sin comer casi un mes (¿), sin agua, casi una semana (depende-joven), sin mujeres casi cuatro días. Pero sin oxígeno (les doy 4 minutos, me salen debiendo, y nunca me van a pagar). ¡No hay manera de almacenarlo!

La respiración celular, tiene que ver con las reacciones químicas de Oxidación-Reducción, mediante las cuales una substancia al ponerse en contacto con otra pierde o gana electrones y transfiere energía y se transforma en otra muy diferente. Pongamos por caso; una molécula de glucosa, la gasolina básica de nuestro organismo.(¡Dame más gasso-linaa!),

Glucosa, o Dextrosa: C6 H12 O6, 6 átomos de carbono, 12 de hidrógeno y 6 de oxígeno, se oxida con 6 moléculas de oxígeno y se producen; 6 moléculas de CO2 (bióxido de carbono) 6 de H2O (agua) y se producen 6 electrones (energía) y calor. Y para la combustión completa de 100 gm de glucosa se requieren 75 litros de oxígeno respirado para la oxidación del carbono, y se producen 75 lt de CO2.y en este caso su relación, (que se denomina "Cociente Respiratorio"QR) es de 1.0 y así para todos los otros nutrientes, por ejemplo; grasa (trioleína) es de 0.71, el de las proteínas es de 0.8 y el alcohol de 0.67 .

La cantidad de calor que producen en un individuo determinado (todos somos diferentes), por supuesto varía de acuerdo al tamaño (superficie corporal, que es por donde se disipa el calor), a la actividad física o mental y a eso se le llama "Tasa" o Índice Metabólico, la que en condiciones "basales o post-absortivas" (en reposo y ayunas de más de 12 horas), es asimismo medida de nuestra capacidad de producir energía a partir de los alimentos.

Bueno, el oxígeno que inhalamos por las vías respiratorias; Nariz, faringe, laringe, tráquea, bronquios, bronquiolos, alvéolos, se difunde a través de la membrana alveolo-capilar pulmonar (sumamente delgada) hacia la sangre y se diluye en ésta. Todos los gases tienen esa propiedad, se mezclan con los líquidos de acuerdo a la presión a la que están sujetos, en este caso la presión atmosférica, pero como se trata de una mezcla de gases (nitrógeno 78%, O2 21%, CO2, Vapor de agua, etc). La presión parcial del oxígeno alveolar a nivel del mar sería aproximadamente 110 mm Hg. Esto se denomina PO2 . El oxígeno disuelto en la sangre no sería suficiente para satisfacer la demanda en los tejidos, si no fuera porque los eritrocitos(glóbulos rojos) de la sangre contienen una maravillosa substancia, la Hemoglobina, un polipéptido (proteína), que tiene hierro en su molécula y una feroz avidez por el oxígeno (el fierro se oxida ¿no?), pero que tiene por fortuna una curva de disociación (relación de su difusibilidad con su presión), muy peculiar (gracias a Dios), que le permite captar fácilmente el oxígeno aún a presiones bajas (60 o 70 mm Hg) en los pulmones y desprenderlo en los tejidos a las presiones a la que están sujetos. Como quiera que sea, la sangre arterial transporta el oxígeno de dos maneras; una disuelta en el plasma y otra (la más importante), combinada con la Hemoglobina. De ahí que cuando existe anemia (falta de glóbulos rojos, o con escasez de hemoglobina), la persona se encuentre tan debilitada y pueda morir. Excepción a esto sería si se le mantiene constantemente en una cámara hiperbárica, a 10 o 15 atmósferas, (como en los laboratorios hiperbáricos para buzos o de hospitales especializados). En este sentido vale la pena anotar que todos los gases respirados se diluyen en la sangre capilar pulmonar. Por ejemplo el nitrógeno que es el más abundante, pasa al torrente sanguíneo, pero por tratarse de un gas "inerte", va nomás de paseo. Ah!, pero si lo respiramos a presiones mayores que la atmosférica, como sucede con los buzos que necesitan hacerlo para contrarrestar la presión del agua que los circunda, y luego el buzo sube rápidamente (se descomprime aprisa), el nitrógeno recupera su característica gaseosa y la sangre literalmente "burbujea", causando embolias gaseosas múltiples (espuma en el corazón) y produciendo los famosos "bends", que son convulsiones y microinfartos gaseosos en muchas regiones corporales y poniendo en riesgo la vida del desdichado buzo en poco tiempo, si no se le descomprime gradualmente en la dichosa cámara hiperbárica.

En el otro extremo ("Meanwhile at the ranch", como en las películas antiguas de vaqueros).la sangre arterial que llega a la red capilar sistémica (todos los tejidos corporales, incluido el tejido pulmonar), se pone en contacto con las células a través de todos los espacios extracelulares y el espacio intersticial, que también tiene líquido (plasma intersticial). Las células captan rápidamente oxígeno a través de sus membranas que son permeables selectivamente y mediante complicados procesos oxidativos, llevadas a cabo por sus mitocondrias (organelos intracelulares especializados en ésos menesteres) y determinados por varias enzimas (substancias facilitadoras aceleradoras de reacciones químicas) como son; Anhidrasa Carbónica, Citocromo-oxidasa, Flavoproteínas y otras, se realiza la respiración celular (Oxidación-Reducción de metabolitos). Mediante estas reacciones químicas, las células de todo el organismo, extraen substancias nutrientes, regeneradoras, reparadoras (refacciones) y muy importantemente energía para realizar sus funciones especíificas. Por ejemplo; Células musculares, para contraerse, gástricas para digerir alimento, neuronas para controlar armónicamente todo, etc. (qué ejemplo para nuestras egoístas y absurdamente competitivas sociedades humanas, ¿No?).

La sangre venosa sistémica, una vez realizado el intercambio capilar, tiene menos oxígeno (aproximadamente 50 o 60%, dependiendo del tejido irrigado) su presión parcial es baja y la hemoglobina se encuentra "reducida" a Carboxihemoglobina, o sea combinada con CO2 (bióxido de carbono), a eso debe su color azulado. (pero si la sangre venosa es expuesta otra vez al aire, se torna roja y oxigenada otra vez, mientras los eritrocitos estén vivos). La sangre venosa conlleva otras muchas substancias, de acuerdo a la región de donde provenga, pero toda regresa a los pulmones vía el corazón derecho, a oxigenarse otra vez y a desprender el CO2 y todos aquellos gases disueltos en la sangre que no son útiles, y de ahí que el aire expirado contenga moléculas de alcohol, tonsol, nicotina y susbtancias aromáticas como cebolla, ajo, y cuanta otra porquería hallamos ingerido o inhalado, por placer o por vergüenza, (otro día les contaré el chistecito de:"Por placer o por Vergüenza").

La vía respiratoria, todos la conocemos y la queremos entrañablemente (a excepción de los que les gusta inhalar las más increíbles y absurdas substancias). Consiste de la nariz, que humedece filtra y calienta el aire, la faringe que protege con su "Anillo de Waldeyer", corona de tejido linfático y adenoideo (glandular), que rodea la nasofaringe, atrás de las fosas nasales y consiste de las adenoides y las famosas amígdalas (que se pensaba que eran tan sólo $$ para los otorrinolaringólogos, y no es así, sólo son culpables de una especialidad muy lucrativa). El aire continúa su viaje a través de la Epiglotis, válvula, perfectamente hermética (gracias a Dios) de la laringe, órgano maravilloso, que en algunas personas parece de oro y en otras instrumento de tortura, esta válvula fibro-cartilaginosa, permite la deglución y la respiración alternativamente.

La Laringe, es una maravilla viviente (debería ser declarada "Patrimonio de la Humanidad"); Nace en la base de la lengua y la retrofaringe de la que es continuación y descansa a su vez en la porción superior de la tráquea. Consta de un hueso en su parte superior; el Hioides (todos tenemos "un hueso atravesado en la garganta!"), que se asemeja laxamente a el "huesito de la suerte" de la pechuga de pollo, este hueso en forma de herradura articula, sostiene y da forma a la laringe, que está compuesta de 9 cartílagos (pares e impares) especializados y muchos ligamentos, membranas y músculos. Por delante el cartílago Tiroides, que crece rápida y desmesuradamente en la pubertad y nos da "voz de hombre", forma la "manzana de Adán"(bendito sea) y por dentro forma la Epiglotis y las Cuerdas Vocales, superior e inferior, que son rebordes altamente movibles que cierran y abren la vía aérea, para modular la voz y emitir la más variada expresión sonora de la naturaleza. Por abajo el cartílago Cricoides, que se articula con el tiroideo, mediante varias porciones membranosas. Por dentro, los cartílagos Aritenoides y los Corniculados o de Santorini, que le sirven de base a la Epiglotis con la que se articulan y proporcionan músculos. La Laringe es un órgano maravilloso, poderoso y altamente funcional, es sumamente resistente y durable, dura toda la vida, provisto que no la lastimemos y martiricemos insensatamente, sus enemigos principales son; el humo del tabaco, substancias corrosivas (como el contenido gástrico), los objetos extraños que le introducimos (por error o por estupidez), las infecciones de todo tipo, las obstrucciones, los procesos neoplásicos (cáncer, pólipos, etc), las reacciones inflamatorias severas que producen "edema laríngeo" pueden causar la muerte, como en las reacciones alérgicas severas o las intoxicaciones por venenos diversos. También los traumatismos severos directos a la laringe pueden ser sumamente graves o aún mortales (fractura, luxación o hematoma); "Coopelas o, cuello".

No puedo dejar de hablar de la laringe, sin expresar mi admiración por este órgano maravilloso, que seguramente ha sido capital en el desarrollo evolutivo de la especie humana. Imagínense, que sería de nosotros sin las capacidades comunicativas y de relación que nos proporciona, para no hablar de su capacidad de desarrollar belleza y arte. Por cierto; ¿Quién o quienes, en su concepto han poseído la más maravillosa voz?...

Hay de gustos a gustos y yo los respeto todos, pero creo que si no han escuchado a Katharyn Grayson, cantar "Serenata para Cuerdas" del inmortal Tchaikowsky, o a Mario Lanza; "Una Furtiva Lágrima" de

Donizetti. Simplemente se han perdido de algo de increíble calidad interpretativa, emotiva y de belleza sin igual.

La Tráquea, es la continuación de la laringe y consiste en un tubo semicilíndrico (ya que su porción posterior es aplanada), formado de fibras cartilaginosas conjuntivas en forma de anillos semirrígidos, (14 o 15) articulados por anillos musculares y unidos por detrás con músculo liso en toda su longitud, la tráquea es flexible, incolapsable y extraordinariamente fuerte. En su interior está recubierta por el endotelio respiratorio, esta maravillosa membrana mucosa que recubre la totalidad de la vía respiratoria, desde la nariz hasta los bronquiolos. Produce abundante moco viscoso que protege lubrica, humedece y atrapa la mayoría de las partículas que están suspendidas en el aire que respiramos, tiene propiedades antisépticas y antibacterianas. Además contiene en su espesor una finísima capa de vellosidades, denominadas cilios respiratorios, que están permanentemente ondeando de abajo hacia arriba (como la marea y las olas del mar), para expulsar las partículas u objetos extraños que se introducen al árbol respiratorio. La tráquea es movible y su inervación le permite ejercer un poderoso reflejo de tos, la ser estimulada por moco espeso, irritantes, partículas u objetos extraños. Este reflejo es común para todo el árbol respiratorio, pero es extraordinariamente fuerte en la tráquea. Mencionaremos por cierto que, el reflejo de estornudo (nariz y faringe), al igual que el de la tos, no representan realmente enfermedad, sino que son simplemente mecanismos protectores y no tiene caso suprimirlos cuando hay infecciones o padecimientos respiratorios, excepto cuando el reflejo es en si mismo dañino o perjudicial. La velocidad del flujo aéreo propiciado por tos o estornudo violento a menudo llega alcanzar los 110 Km/h.!

Los enemigos más notables de las vías respiratorias son: el aire contaminado; tóxico como el tabaco, el polvo, la deshidratación, las bacterias, virus y parásitos que flotan en el aire.

Nos protegen (aparte de la excepcional protección de la Divina Providencia), La fortaleza y resistencia de nuestro aparato respiratorio (a fortalecerlo con ejercicio, ¡Nunca es tarde Betabeles!), nuestro bendito Sistema Inmunológico (del que hablaremos después).

La Tráquea entra a el mediastino, cavidad piramidal de tejido laxo, adiposo conjuntivo que la aloja, así como al esófago por detrás, por arriba los paquetes vasculonerviosos del cuello, la rodea la aorta y la cabalga la arteria pulmonar izquierda, la aurícula izquierda y las cuatro venas pulmonares por detrás, a la derecha está la vena cava superior, la vena ácigos y el conducto torácico, que conduce la mayor parte de la linfa del mediastino y de la parte inferior del cuerpo, y un numeroso contingente de ganglios linfáticos. La tráquea se divide por detrás del corazón en dos grandes bronquios, que siguen a las arterias pulmonares y sus venas para formar el hilio pulmonar, y a su vez se dividen y subdividen para acceder a los dos lóbulos pulmonares derechos y tres izquierdos.

Los pulmones, suspendidos de la tráquea, se encuentran envueltos en una membrana serosa amplia muy delgada y resistente, que forma una gran cavidad virtual, esta serosa cubre la pared interior del tórax y se prolonga cubriendo todos los órganos internos mediastinales, se inserta en las aponeurosis cervicales por arriba y por abajo en el diafragma, cubre firmemente todos los lóbulos pulmonares individualmente formando cisuras entre ellos y en el hilio pulmonar se convierte en el pericardio.

La pleura lubrica a los pulmones y permite que, cuando el tórax se expande por acción de los músculos respiratorios (intercostales, escalenos, dorsales, trapecios y muy importantemente el diafragma), así la presión intratorácica disminuye, los pulmones se expanden y se llenan de aire (Reflejo de Hering-Brauer). Por esta razón, cuando se perfora la pared torácica, penetra aire a presión atmosférica a la cavidad pleural con cada inspiración y se forma el letal Pneumotórax, en el cual el pulmón del lado afectado, se reduce de tamaño o se colapsa totalmente y deja de funcionar. Si el problema no se resuelve (introduciendo una aguja o un tubo en la cavidad pleural para dejar salir el aire a presión, el pneumotórax, puede aumentar con cada vez más presión y afectar ambos pulmones y comprimir el corazón con resultados fatales. A veces el pneumotórax, se produce expontáneamente, debido a que existe congénitamente una burbuja o debilidad en los alvéolos pulmonares superficiales que pueden romperse al estornudar o toser violentamente, hay ruptura del tejido pulmonar y paso del aire pulmonar hacia la cavidad pleural produciéndose pneumotórax, (yo tuve un caso de un joven que gritando en el estadio de futbol tuvo tal problema), eso es aparatoso, pero puede solucionarse con facilidad.

Los bronquios se subdividen finamente formando bronquiolos cada vez más pequeños, hasta su fase terminal en los lobulillos aciniformes, en donde en compañía con las arteriolas pulmonares terminales llegan a la masa alveolar, que consiste en pequeñas celdillas semejantes a un "panal de abeja", que se comunican con los bronquiolos, las arteriolas forman una finísima red capilar alrededor de éstos y se conectan en la periferia de los lobulillos con las pequeñas vénulas pulmonares una vez que la sangre ha sido oxigenada y realizado el intercambio gaseoso, a esto se le denomina "Hematosis".

Los pulmones al envejecer sufren cambios notablemente dañinos aún en el mejor de los casos. La Capacidad Vital (Cantidad máxima de aire que podemos ventilar), disminuye drásticamente a partir de los 40 años! El tejido pulmonar mismo y las paredes torácicas, se tornan rígidas y poco flexibles, el tejido pulmonar disminuye su elasticidad, la actividad ciliar también disminuye, así como la fuerza e intensidad del reflejo de tos. La Capacidad Vital, la Capacidad Ventilatoria Máxima y el Consumo Máximo de Oxígeno disminuyen aproximadamente un 1% ccada año desde los 30 años. Por supuesto todo esto si no se ejercen medidas preventivas adecuadas o se tratan vigorosamente los procesos patológicos.

La prevención tiene que ver con el evitar la exposición a inhalantes dañinos, sobre todo el pernicioso hábito de fumar, son también muy perjudiciales los gases de combustión automotriz e industriales, el polvo (el "smog" citadino). El ejercicio aeróbico cotidiano (no siempre al aire libre sobre todo en los grandes centros urbanos), los ejercicios ventilatorios diarios son un "must". El tratamiento y la profilaxis de enfermedades crónicas como la Bronquitis, Asma y Enfisema Pulmonar, son de capital importancia.

Brevemente: El Asma Bronquial, enfermedad adquirida o genéticamente determinada, constriñe los bronquios y se reconoce por la peculiar sensación de no poder exhalar aire de los pulmones, tos "ahogada" y sibilancias al respirar. Su tratamiento y manejo son bastante eficaces, salvo en los peores casos, con aminas simpaticomiméticas (Adrenalina, Teofilina), o con corticoesteroides (Prednisona y otros). Requiere manejo por especialista calificado.

El Escleroenfisema, es otro boleto, este problema que consiste básicamente en la destrucción de las paredes alveolares, en varios segmentos lobulillares, con la formación de grandes cavidades aéreas, que atrapan el aire inspirado y dificultan o hacen nula la hematosis, con engrosamiento y rigidez de las paredes bronquiales y bronquiolares, con disminución de su diámetro y su "elastic recoil". Es un proceso insidioso y lentamente progresivo, está también genéticamente determinado, pero se acelera desmesuradamente cuando existe daño celular endotelial crónico, como en la Bronquitis Crónica.

La Bronquitis Crónica y el EPOC. (Enfermedad Pulmonar Crónica Obstructiva). Esta maldición, es el factor contribuyente más importante de los dos problemas anteriores (y muchos otros). Todos estamos expuestos a ellas, con culpa o sin ella, ¡hay la llevamos!, no podemos evitarla completamente, pero si podemos disminuir sus estragos, solemos pensar que sólo sucede en las contaminadas ciudades, pero no es así, El polvo, la tierra, arena, la materia orgánica (la K-K), las bacterias, virus, parásitos y hongos que forman nuestra diaria dieta de respirar, y de ésa manera introducirlo en nuestro organismo!

El desgaste y el envejecimiento de los pulmones, son una consecuencia de nuestra supervivencia, pero el procurar respirar aire más limpio y tomar en serio los padecimientos bronquiales, pulmonares y en general todas las afecciones respiratorias, parece ser la conducta más inteligente y apropiada.

Sugiero adoptar un programa preventivo sensato, (con vacunas completas) Y. por favor a estas alturas (y a muchas otras), el fumar es una soberana estupidez (para ponerlo suavemente), además si vivimos en zonas de alta contaminación atmosférica, ¿Qué estamos haciendo ahí? (excepto si no podemos evitarlo). Los ejercicios aeróbicos vuelvo a insistir, son muy útiles, los respiratorios "puros" también.

El Cáncer pulmonar, es ya lo sabemos, un terrible asesino. (el más común en el hombre moderno). Existen muchas variedades, pero el diagnóstico casi siempre es tardío y el tratamiento poco eficaz, sobretodo cuando se presenta como metástasis (siembra cancerosa de tumor en otra localización). Cuando el tumor es primario en el pulmón y se detecta antes de producir sintomatología, la supervivencia (a los 5 años) alcanza 25 o 30%, pero si es mayor y produce síntomas, ésta alcanza cifras aterradoras de 2 a 5 %. Nuevos esquemas de quimioterapia, inmunológicos, terapéuticos genéticos, de biología molecular, de radioterapia y partículas subatómicas, presentan una gran esperanza para la humanidad.

¡Yá pueden respirar!

13. SISTEMA DIGESTIVO (I)

El Dr. Pedro Recio de Agüero dijo:

-Yo señor, soy médico y lo principal que hago es asistir a sus comidas y dejarle comer lo que me parece que le conviene y quitarle lo que le ha de hacer daño y ser nocivo al estómago. Y así mandé quitar el plato de fruta, por ser demasiadamente húmeda y el plato del otro manjar, también le mandé quitar por ser demasiadamente caliente y tener muchas especias, que acrecientan la sed, y el que mucho bebe, mata y consume el húmedo radical, donde consiste la vida. El plato de perdices ahí asadas, no lo comerá el Sr Gobernador en tanto yo tuviere vida, porque nuestro maestro Hipócrates, norte y luz de la Medicina dijo: "Omnio saturatio mala, et perdicis autem pésima" (toda hartazga es mala; pero la de perdices malísima)"-.

(Sancho Panza en la Ínsula Barataria. "El Ingenioso Hidalgo, Don Quijote de la Mancha", Miguel de Cervantes Saavedra).

La vida es un banquete, no cabe duda, pero todo tiene su límite, su lugar y su tiempo, como dijo Platon, (por cierto, ¿saben ustedes que Symposium quiere decir"Reunión de hombres para beber y comer"?). Pero tampoco sin exagerar como le sucedió al buen Sancho Panza al que estaban literalmente matando de hambre. Por cierto; cuando los médicos nos vamos "de Symposia" ya saben ustedes a qué nos vamos a dedicar.

El "Tubo Digestivo". Es lo máximo, no hay mayor ni mejor fuente de placer (protestan los adictos al sexo, ¿Sii? a ver 3 veces diarias de por vida? no sean presumidos ni ambiciosos).

Pero es sólo un tubo (no confundir con el "Tubo Gómez"). Procede embriológicamente del endodermo. ¡Mentira que con una buena fuente de luz podamos ver de un extremo a otro! como dicen por ahí los no iniciados, (los vamos a iniciar ya verán). Tampoco es cierto que es "Un maravilloso órgano sexual" como quieren hacernos creer una (desgraciadamente grande), parte de la población mundial, ("¡cochinos!" diría mi compadre).

Bueno. Empecemos por el principio; La Boca (no confundir con el ”Boca Juniors”).“Sólo hablas porque tienes boca” decía mi sacrosanta madre. ¿Me vas a dejar empezar Doccis?, ¡eres un “Comesantos y Cagadiablos”!

¿Conocen a alguien que no tenga boca?, hasta las calacas tienen y la usan (para reírse!).

Bien, la boca envejece; se caen los dientes, claro que existen maravillosas personas (como mi consuegro), que tienen una maravilla de dentadura (más dura que mi consuegra), que sería orgullo del indio Cacama (¡no mi consuegra! por favor, la dentadura de mi consuegro, que es típicamente español por cierto, y mi consuegra es realmente un “dulce”). Todas las estructuras bucales se deterioran lentamente (con razón los “camarones a la diabla” ya no saben como antes, ni funcionan como antaño.

Sin embargo, hoy día, ya tenemos un “buen” de Odontólogos de avanzada, que no nos dejan comer en paz y tampoco nos dejan que se nos pudran los dientes, y cuidado con los “Ortodoncistas”, estos son muy peligrosos para el bolsillo de los padres (y los abuelos), todos los chamacos y uno que otro viejano, caen en su garras y nos mejoran la sonrisa y nos dejan en la inopia, (benditos sean).

El “gañote” o faringe, tiene un peligroso punto de riesgo, que es la laringe, eso todo el mundo lo sabe, pero ¡Ay cómo se nos olvida! Lo que sucede es que el bocado se equivoca de agujero (sin querer queriendo), como dicen que dijo la bella japonesita que asistía al mex-empresario (en Japón);”¡Akishico náaga!”(agujero equivocado en japonés), ella era “caddy” y estaban jugando golf, no sean mal pensados). Bien, pero ¿Saben ustedes como auxiliar a la persona que frente a sus ojos se está asfixiando con un bocado de comida?: Es la “Maniobra de Heimlich”. Usted está comiendo o bebiendo tranquilamente y repentinamente alguien, de repente hace ruidos raros ¡Ighh!, o a veces ni siquiera eso, se levanta y encorva , pela unos ojotes, se lleva las manos al cuello y empieza ponerse morado, ¡cuates!, ni siquiera tose. Todos alrededor le dicen;¿Qué te pasa? (que tontería, obviamente el cuate no puede hablar!), ¡Tose! tose!, (que más quisiera el pobre güey), alguien misericordioso, le da unos golpecitos en la espalda (no es momento para palmaditas, o le dan un buen par de guamazos con la palma abierta en la espalda o mejor nada). Lo mejor antes de que el pobre tipo se ponga negro y pase a mejor vida, es; acercarse por detrás (nada de joterías, por favor!), abrazarlo por la parte baja del tórax, poniendo una mano empuñada debajo del apéndice xifoides(la boca del estómago), y con la otra mano en la muñeca de la primera, jalar súbita y fuertemente, las veces que sea necesario para que el objeto extraño (bocado-comida), sea expulsado de la laringe y la respiración pueda reanudarse.. Esto les puede suceder estando solos (Horror!), y la maniobra podría efectuarse, doblando el cuerpo sobre el respaldo de una silla (antes de perder la consciencia) y con un puño en la misma región, empujar súbita y fuertemente. Si esto no sirve, probablemente será muy tarde para que vengan los paramédicos o alguien con un laringoscopio e instrumentos adecuados para liberar la obstrucción. A veces a pesar de haber desalojado el cuerpo extraño, la respiración no se reanuda y habrá que realizar maniobras de reanimación cardiopulmonar y respiración artificial de inmediato.

El esófago, pese a su curioso nombre, es el conducto vital del alimento al estómago, un tubo musculoso y flexible y con la faringe, son responsables de la deglución, que es una maravilla de coordinación, desgraciadamente a nosotros los betabeles, se nos puede descomponer o a veces malfuncionar sin previo aviso y hacernos pasar cada pena que Dios guarde! Esto se debe a que tal función consiste en la relajación, constricción y movimientos peristálticos de varios músculos y esfínteres. Los esfínteres, mal llamados válvulas, no son sino anillos musculares herméticos (en serio herméticos, no dejan pasar ni el aire) de gran precisión, en el esófago tenemos dos; el superior, que es consciente y voluntario, está formado por los músculos cricofaríngeo e inferior faríngeo, que se relajan y constriñen alternativamente, y los músculos suprahiodeos movilizan la laringe hacia adelante y hacia arriba para deglutir (moción más conocida como "tragar camote", y que efectuamos inconscientemente cuando estamos emocionados o conmovidos (no "con movida"). El esófago se mueve de arriba abajo (peristalsis) para transladar el bolo alimenticio y se relaja el esfínter inferior, que es sumamente poderoso y hermético, su inervación es autónoma (insconsciente) y está auxiliado por fibras musculares diafragmáticas crurales que actúan como pinza, lo que cierra herméticamente el estómago.

El esófago se puede inflamar por diversas causas; infecciones, úlceras, lesiones, traumas, a veces tumores (cáncer), divertículos(bolsas hacia fuera), puede malfuncionar y regresar el alimento(regurgitar), o obstaculizar su paso (Chalasia o Achalasia). Lo más común es el maldito"Reflujo Gastro-esofágico", que hace la vida miserable a miles de contemporáneos.

Las razones son múltiples y tienen que ver con; Causas genéticas, obesidad, alimentación inadecuada; abundante, rica en grasas, irritantes, y estimulantes, como alcohol, cafeína, nicotina, cocaína, etc. También causas emocionales (ira, disgusto, insatisfacción, depresión, etc). Y muy frecuentemente con la enfermedad ácido-péptica gástrica y muy a menudo (más del 80% de los casos), por al presencia de la bacteria más prevalente en el tubo digestivo, la Helycobacter Pylori. Este bicho, es muy resistente y le encanta sobrevive feliz en el medio severamente ácido del estómago. Los jugos digestivos del estómago, producidos por las células "G"(Gastrina) del epitelio (capa interna) del estómago, tienen gránulos citoplásmicos productores de ácido clorhídrico, agente sumamente activo (disuelve inclusive hueso, y hasta los metales!). Además el jugo gástrico contiene la poderosa enzima Pepsina, (yo tomo Coca-Cola) que está diseñada para digerir toda materia orgánica sobretodo las proteínas y todo lo que le echamos al estómago, esteriliza todo, o casi todo, le resisten entre algunas especies; el Bacilo de Koch (Tuberculosis), algunos hongos, esporas, quistes parasitarios (Tenia, áscaris, oxiuros y otros) y sí, el Helycobacter famoso, que realmente disfruta (se reproduce y ríe) en el estómago. De tal modo que cuando el contenido gástrico regresa (con venganza), como dicen que dijo el Gral Mac Arthur; "I Shall Return", al retirarse de las Filipinas, II-WW. La mucosa epitelial del inocente y desprevenido esófago, es convertida en humeante chicharrón, (bueno, no tanto, pero la corroe, inflama, hincha (nada que ver con los aficionados futboleros argentiínos) fastidia y duele como la "fregada". Es la famosa sensación de ardor que los gringos llaman "heart-burn", literalmente "quemadura de corazón" (¡ah! gringos éstos, nada más porque se siente en el corazón, nada más), nosotros la llamamos "agruras"(somos más machos y no chillamos tanto, será porque estamos acostumbrados al chile y a los "farolazos" de tequila (¿qué rico, no?). Chillones o no chillones, la Ácido-pepsina lastima profundamente el epitelio esofágico, y no nada más, porque el contenido gástrico suele retroceder hasta la boca, quemando y lastimando laringe, amígdalas, lengua, dientes, paladar, y a veces hasta ingresando a la laringe y más abajo tráquea, bronquios y a veces hasta produciendo Neumonitis ácida y bacteriana (muy grave). Esto suele suceder más frecuentemente de noche (como los ladrones, ¡Ah méndigos!), poco a poco a veces con poca sintomatología, (¡Oh, gente que duerme como los justos! o los borrachos!), y luego vienen quejándose de; mal aliento, caries, lengua horrible, anginas, ronquera, bronquitis, asma, etc. A veces la cosa se pone trágica; De noche, repentinamente, sientes que te ahogas, que te arde, te duele horroroso, te falta el aire y sientes que te estás muriendo (¡a veces lo haces!). El que lo ha sentido, sabe lo que estoy diciendo (en serio dá miedo). El dolor en ésa región (precordial), se confunde frecuentemente con un infarto cardiaco o angina severa, lo que lo hace más dramático, a veces ambos padecimientos concurren ("paracabarla de hoder"!). o el maldito reflujo puede provocar una ¡Arritmia cardiaca mortal!, (no la "hingues" Doccis, ya me "hice" en los chones!). Lo siento, se dan casos, pero sólo en los muy muy borrachos (¡Salud-Upp!).

El tratamiento consiste en (previo diagnóstico preciso, endoscópico): Disminuír la producción de ácido clorhídrico y pepsina del estómago (Omeprazol, Famotidina, etc), neutralizar el exceso (Sulfacrato, Pepto-bismol, etc), disminuír la motilidad gástro-esofágica, mejorar dieta, suprimir irritantes (tabaco alcohol, chile).Y muy importantemente; eliminar la bacteria H. Pylori. Esto puede convertirse en algo crónico y difícil de erradicar, requiere a veces meses de tratamiento. También es muy importante prevenir mecánicamente el reflujo, elevando la cabecera de la cama unos15 cm o dormir en sillón reclinable (¡a gusto!). La Hernia Hiatal es otro "viacrucis" de ésta región; consiste en la admisión (sin invitación) del estómago hacia la cavidad torácica, através del diafragma, usualmente por el hiatus diafragmático, esto puede tener causas congénitas, genéticas, traumáticas, o ser consecuencia de abusos alimenticios y factores que aumenten la presión intraabdominal, como estreñimiento crónico, embarazos múltiples, o partos prolongados, (¡vaya, de la que me salvé!). Produce dolor excruciante, crónico, dificultad para deglutir, respirar y vivir en paz, veces se ulcera el esófago, el estómago puede "incarcerarse" (atraparse en el tórax) y requerir cirugía de emergencia, sin embargo en ocasiones pasa desapercibida y puede sangrar crónicamente y dejarnos "por puertas". El tratamiento médico, puede ocasionalmente ser eficaz modificando los factores que la producen, disminuyendo la motilidad gastroesofágica, la hiperacidez gástrica y el

Helycobacter, pero cuando el problema es mayor y más severo, la cirugía ofrece tasas razonables de éxito.

El Esófago de Barrett, es una letal complicación; un esófago fibroso, inoperante, doloroso, sangrante, ulcerado, rivaliza y a veces es causa de Cáncer en tal noble órgano.

Otros muchos padecimientos del esófago martirizan a los humanos. Como dijo en una ocasión una bella (y esquiva), compañerita química, cuando le preguntaron que porqué no quería casarse, que si tenía la santa intención de morir virgen y que si preferiría que se la comieran los gusanos, antes de que la gozaran los humanos? A lo que respondió;"No, yo nó! Y cuando me muera, no quiero que me entierren! deseo cremación" ¿Cómo? replicó el interrogador;"¿Ni siquiera los pobrecitos gusanitos?".

El estómago es una "bestia magnífica", ahí sí mis respetos, es grandioso en más de un sentido (algunas personas son "todo estómago"). Estómago en México le dicen a todo el abdomen,"pancita", "ollita"o "timba". Es una víscera muy importante y emocional, algunas personas piensan con el estómago o el hígado (los más intelectuales) y otras lo utilizan como instrumento de autodestrucción. Tiene forma de botija o gaita gallega, pero es una maravilla, fuente de placer y vida. Ahí se realiza ya en serio la digestión gracias a los poderosos jugos gástricos Ácido clorhídrico y Pepsina (la acidez es muy intensa, pH debajo de 3, a veces 1.5 (pH; medida de acidez/alcalinidad, normalmente 7.0 en agua destilada). Las células del epitelio gástrico de tipo "columnar" son las únicas del organismo capaces de tolerar tal acidez sin destruírse, por eso cuando se sale el jugo gástrico es tan corrosivo para otros tejidos. Puede digerir casi cualquier cosa (hasta clavos, si les dan suficiente tiempo). Hay animales (tiburones) que actualmente han digerido las más increíbles cosas; llantas de camión, cabras (ones); zapatos, latas de cerveza, herraduras, etc. (¡no manches!)

Ay, pero cuando se enferma! Dios nos agarre confesados! Primero, aguanta todo pero cuando decide que; ¡Basta!, (He means it), Vá pà-fuera, con tal fuerza que a veces tumba a una vaca. Vómitos "en proyectil" que son tan conocidos (y temidos) por los pediatras. Por cierto saben ustedes que es lo que hace un bebé cuando lo llevan al pediatra? El cual le dice a la mammy; "a ver Sra. desvista al nene", y la dama lo primero que hace es quitarle el pañal, y… ¡zás!, lo primero que hace el baby es piiarse directo a la boca del "especialista".

La patología más común de éste noble órgano es la Enfermedad ácido-peptica (más del 90% de la población la ha sufrido; desde la Gastritis por abuso (alcohólica et al), erosiva, inflamatoria, infecciosa, etc. La famosa (y temida úlcera gástrica y duodenal, han sido azotes de la humanidad desde que salimos de las cavernas o aún antes. (Yo la odio de todo corazón por muchas causas). Tiende a la cronicidad. Su origen es en gran medida desconocido, ¿Porqué a algunas personas nos "hace los mandados" y a otras los martiriza cruelmente de por vida y a veces las destruye? Hay tumores de gastrina o "Gastrinomas" (afortunadamente no muy frecuentes), que producen tanto ácido que literalmente disuelven el estómago hagan lo que hagan lo médicos. Y aún cuando se realiza cirugía radical (Gastrectomía total), le problema persiste. A veces el Síndrome de Zoolinger-Ellison, también se comporta de tal manera. Afortunadamente en la mayoría de los casos en la actualidad, las tasas de curación o cuando menos de control, hacen la vida más tolerable a estos infortunados pacientes. Además existe la Gastritis Erosiva o Ulcerativa secundaria al stress o a muchos medicamentos, notablemente los Corticosteroides (Prednisona etc), Aspirina y los Antinflamatorios no Esteroideos (Diclofenaco y otros) Su tratamiento, tanto de la ulceración gástrica, como la duodenal (primera porción del intestino delgado), es semejante; Neutralizar el excesivo ácido y la producción de pepsina, o bloquearla efectivamente con "Inhibidores de la Bomba de Protones", como el Omeprazol (tan conocido hoy en día), controlar la hiperestimulación nerviosa de la víscera, y sí ustedes adivinaron; Erradicar el Helycobacter Pylori (Duodenalis), con antibióticos macrólidos (Eritromicina, Claritromicina) y Metronidazol. Lo que se denomina "Triple Terapia", que consiste en: Omeprazol 40mg, Claritromicina 1500mg, Sucrato (SubcitratoBismuto) 900mg, han probado efectividad mayor de 90% en curación total en úlcera gástrica y duodenal. Así como controlar el "Stress", eficientar la alimentación y evitar la automedicación.

El Cáncer Gástrico y Esofágico, es una terrible amenaza latente en todos los padecimientos de ésta región, infortunadamente no siempre se presentan con síntomas iniciales o éstos se presentan tardíamente o a veces son minimizados por los pacientes, de tal modo que no es raro que cuando se detectan, su tratamiento sea poco menos que eficaz. Por lo que es recomendable buscar atención especializada con cualquier síntoma alarmante que no ceda en sus fases iniciales. Es sumamente importante darle debida importancia al dolor o "indigestión" crónicas y sobretodo a la presencia de sangrado oculto o asintomático, en las heces intestinales ("melenas" o evacuaciones negras), y por supuesto sangre en el vómito (hematemesis). La Cirugía es la mejor arma ya que la Quimioterapia y la Radioterapia no son muy eficaces. Modernas terapéuticas de Ingeniería Genética y Molecular, hacen tener grandes esperanzas para el control de éstas plagas de la Humanidad.

El duodeno es la continuación del estómago, en donde se vacía su contenido, es la primera porción del intestino delgado. Se curva de derecha a izquierda en relación con el hígado, atrás y abajo del estómago y envuelve al Páncreas, órgano alargado (recuerda un gran camote amarilloso). Vale la pena decir que todos los órganos abdominales están cubiertos y sujetos por una gran membrana serosa, el Peritoneo, que los mantiene en su sitio y funcionando (como quien dice "Cada chango en su mecate y a columpiarse Ca...ones"). Esto forma una gran cavidad con dos hojas peritoneales; parietales y viscerales. El Páncreas, es una glándula extraordinaria, produce jugos indispensables para la digestión; Amilasa, Pancreasa, Lipasa, Proteasas y los vierte por el Conducto de Vineberg, que se conecta al Conducto Biliar Común o Colédoco (que viene del Hígado y la Vía Biliar), los cuales se vacían en el duodeno vía una válvula denominada ámpula de Vater. El Páncreas además produce, mediante varios islotes de células especializadas, denominadas "Islotes de Langerhans", la indispensable hormona Insulina. El Páncreas también envejece y disfunciona, pero también puede enfermar gravemente si un cálculo procedente de la vía biliar (o autónomo) llega a obstruír el paso del jugo pancreático, en cuyo caso se presenta la Pancreatitis Hemorrágica, ya que las poderosas enzimas pancreáticas, pueden inflamar y prácticamente disolver al tejido pancreático y destruirlo ("Cocerlo en su propio mole!").También puede infectarse o dañarse con traumatismos directos, la Pancreatits Aguda es frecuentemente una emergencia quirúrgica de primer orden. Cuando envejece y malfunciona se puede presentar Diabetes Mellitus tipoII o simplemente Insuficiencia Pancreática, con disminución de las capacidades digestivas del intestino en cuyo caso se puede presentar intolerancia a varios alimentos; grasas, almidones, proteínas etc, que no pueden digerirse adecuadamente..

¿Qué les parece?, importantona la región, ¿Nó? Pero eso no es nada. Atrás, arriba y a la izquierda del estómago, se encuentra el Bazo, un increíble órgano, que tiene entre otras funciones inmunológicas, la de destruír (lisar) y reciclar los hematíes (glóbulos rojos) y otras células sanguíneas. Los productos de esta lisis, los vierte a su vez en la Vena Esplénica, que junto con las venas gástricas y gastroduodenales forman a su vez la Vena Porta, que desemboca y se ramifica en el Hígado. El Bazo además tiene, dada su gran capacidad sanguínea, la característica de ser muy frágil, de tal modo que puede desagarrarse o aún estallar cuando sufre trauma directo, y es frecuente causa de sangrado severo en los accidentes automovilísticos. Afortunadamente, la cirugía con resección de éste vital órgano (Esplenectomía), es bien tolerada.

Continuaremos éste enternecedor (y nutritivo) relato en subsecuentes páginas si me lo permiten.

14. SISTEMA DIGESTIVO (II)

Pausanías dijo: *"Veamos como padremos beber sin que nos cause mal. En cuanto a mí, declaro que me siento aún incómodo a resultas de la francachela de ayer. Y que tengo necesidad de respirar un tanto. Prevengámonos pues para beber con moderación".*

Exirimíaco replicó. *"Mi experiencia como médico, me ha probado perfectamente que el exceso en el vino, es funesto al hombre. Lo evitaré siempre y jamás lo aconsejaré".*

(Simposio o Banquete de la Erótica. Diálogos de Platón).

El Hígado es una verdadera maravilla de la Creación, es la víscera mayor del organismo, se encuentra a la derecha del estómago. Excepto, en las excepciones; porque existe lo que se denomina: Heterotaxia Visceral, en donde todas las vísceras, a veces incluyendo al corazón, están dispuestas como "espejo" de lo usual y ¡todo está invertido! (nada que ver con ser un "invertido"). Bien pues; el Hígado; ¡Arriba y a la Derecha! adosado al hemidiafragma derecho, sostenido por varios y fuertes ligamentos, es un magnificente "Laboratorio Químico", responsable de la síntesis, producción y transporte de la proteínas de nuestro organismo (nada más, los "tabiques, el concreto y el acero", la mera substancia de la vida). Además recibe, selecciona, analiza, desdobla todos los componentes químicos de la digestión, que le son enviados por las Arterias Hepáticas y la Vena Porta, y los convierte en nutrientes específicos fácilmente asimilables por las células de los diferentes tejidos. Produce además todas las substancias con las que se elaboran enzimas, hormonas, substancias mensajeras. Detoxifica a todas las otras substancias que son dañinas o agresivas al organismo, con una eficiencia y sabiduría tal que tan sólo puede asombrarnos, maravillarnos y agradecer la magnificencia de Nuestro Creador.

No contento, con eso; éste ca..ón del Hígado, también produce la bilis, que no es otra cosa sino los productos de deshecho y reciclamiento de la sangre, El Colesterol, indispensable para la producción de hormonas, neurotransmisores, vitaminas, lipoproteínas y otras moléculas básicas para la vida. El hierro indispensable para el transporte de oxígeno por la Hemoglobina de los glóbulos rojos. Otras substancias dañinas o tóxicas son eliminadas a través de la bilis. Este líquido biliar contiene básicamente colesterol, ácidos y sales biliares (que son indispensables para la digestión y absorción de las grasas en el intestino, pero también Calcio y otros minerales, sales y substancias que conviene eliminar. La Bilis, se elimina a través de un conjunto de canalículos que forman las "Vías Biliares", que desde cada hepatocito coalescen y forman el Conducto Colédoco y la Vesícula Biliar tan conocida y apreciada por los cirujanos "¿Quién es ése Sr que va manejando el convertible nuevecito?". "Algunos dirían que es mi cirujano, pero lo que yo veo es mi vesícula". Es la bendita vesícula que puede y suele enfermar casi siempre por nuestra culpa y glotonería, sirve para concentrar y dosificar la bilis cada vez que la necesitamos, pero también puede infectarse o formar cálculos o piedras que nos pueden hacer sufrir en serio o inclusive acabar con nuestra mísera existencia si no le hacemos caso. Puede suceder que dado el caso una piedrecita o cálculo salga de la vesícula (o se forme en el trayecto), obstruya el Colédoco y de repente ("¡Suddenly, I am in love!"), obstruya la vía biliar, y... ¡Zás!, un terrible Cólico Biliar, un dolorón, de ésos buenos, te dobla, te hace retorcer, bramar y vomitar en serio (a Cirugía pronto), o puede simplemente obstruír parcialmente, insidiosamente (¡Ah méndigo!) dilatar todos los canalículos biliares, atascar todo en el Hígado y producir Ictericia (un bonito color amarillo huevo tiñe toda tu vida), comezón, dolor, indigestión y molestias sin cuento, que si no se resuelve podría inclusive terminar con una"Cirrosis Biliar", al destruír todo el parénquima hepático.

El Hígado, puede enfermar o sufrir lesiones (que son muy graves). Pero aguanta un resto y tiene una gran capacidad de reserva y autoregeneración. Sin embargo, todo tiene su límite (como nosotros "Betabeles"). Podría ser funcional aún perdiendo casi las dos terceras partes de su tejido. De ahí que cuando está sano, pueda "donar" parte hacia otro infeliz ser humano al que le ha dejado de funcionar y lo necesita desesperadamente. Esto puede suceder en los casos de Hepatitis, o en otros padecimientos que destruyen y dañan al hígado, porque no solamente lo necrosan, cicatrizan y dejan fibroso, sino que además obstruyen la circulación Porta y la de las Venas Suprahepáticas, produciendo lo que se llama "Ascitis"., que no es otra cosa sino la acumulación de líquido plasmático, rico en proteínas, nutrientes y sales que deberían pasar por el hígado y que no lo pueden hacer debido a que el proceso de cicatrización y regeneración de los hepatocitos, distorsiona de tal manera la arquitectura que la sangre de las circulaciones porta y hepática apenas puede pasar y se produce un indeseable "encharcamiento" por debajo del hígado y acumula ascitis en el peritoneo (hasta límites increíbles, parece que van a estallar) y también hinchazón severa de las piernas, genitales y demás. Como si fuera poco en tal situación, encima de la pérdida o secuestro del líquido ascítico, hay desnutrición generalizada, debida a la falta de ésos nutrientes y a la malfunción hepática que suele ser severa. La Cirrosis, es la fibrosis secundaria a la necrosis generalizada de los hepatocitos, a consecuencia de un proceso inflamatorio severo crónico como la Hepatitis Viral (hay muchos tipos; A,B,C,D,E, Citomegalovirus, Toxoplasmosis, etc), o tóxica como el Alcohol, Tonsol, Gasolina, Tetracloruro de carbono (casi siempre letal acorto plazo), aldehidos, formol, metales y muchos otros venenos. La Cirrosis también puede ser consecuencia de una estasis venosa, producto de trombosis de las venas suprahepáticas (S.de Chiari) o más frecuentemente a consecuencia de Insuficiencia Cardiaca Derecha o lesión de la Válvula Tricúspide, ya que la sangre que llega a la Aurícula Derecha, no puede ser impulsada con eficiencia hacia la circulación pulmonar. En todos los casos, el común denominador es el bloqueo de la sangre que tiene que atravesar el Hígado. Sucede que la sangre al no poder circular libremente por el Hígado, busca camino por otras vías, y no tiene más alternativa que congestionar el circuito Porta ((Hipertensión portal), esto conduce a que las venas subsidiarias, todas las venas gástricas, gastroesofágicas y g-duodenales, se dilaten y formen varicosidades, éstas son particularmente dañinas en el esófago, ya que pueden sangrar a la menor provocación (y aún sin ella) y desangrar a el infortunado paciente en poco tiempo. (¡Píntamela bonito, Doccis, no vuelvo a probar una copa más!). Bueno en honor a la verdad, aquí como en muchas otras situaciones ("We have a situation here", dirían los gringos), el problema está en la calidad y sobretodo en la cantidad, el vino es bueno (buenísimo), pero en grandes dosis, te "achicharra" el hígado.

El duodeno, se continúa (¡aún hay más!), con el Yeyuno y con el Íleon (casi 5 mts de tripa), que es donde se realiza el trabajo serio de la digestión y la absorción de los alimentos (ahí si trabajan, no como en la H.Cámara de Diputados, porqué será que la denominan"H", será por "Heroica", "Hincapaz" o "Huevones"??-). Este Íleon, es un león para transformar toda ésa basura que ponemos a su disposición, claro que ya se la damos molidita, preparadita, sazonadita (¡Puaf!), desdobla, desbarata, fragmenta los nutrientes en sus constituyentes básicos y en su rítmico contoneo y vaivén de rumbera,(Ay mamá, que sabrosura, ¡Oé mama que yo vo´ a gozar!), que se llama peristalsis, (Doccis, tienes una manera de echar a perder la diversión, que no veas!). Y los reduce a su mínima expresión (como quien dice, los deja sin calzones) y listos para su absorción, la cual se realiza mediante millones de vellosidades que tapizan la pared interior del intestino delgado. Estas pilosidades son una maravilla, se encuentran distribuidas en los pliegues intestinales, cuya mucosa absorbe selectivamente agua, y substancias nutritivas y rechaza lo que no necesitamos (¡Sí Chucha, también absorbe lo que no queremos!, Bueno, ¿pero quien tiene la culpa? ¿Quién le echó todo ése exceso y basura?, tampoco es el mago Mandrake!).

Las funciones del intestino delgado, son fundamentalmente dos: Realizar integralmente la digestión, mediante el efecto de los "jugos digestivos", una vez que el estómago ha realizado su función; de liquefacción, emulsificación, microfragmentación, oxidación, acidificación y esterilización de los alimentos. En el Ileon y el Yeyuno, se realiza y completa la disociación de las substancias alimenticias, en sus elementos básicos y así los polisacáridos, (azúcares, almidones,etc) son hidrolizados y convertidos en monosacáridos (qué monos, no?), como glucosa, lactosa, levulosa, etc. Los lìpìdos (grasas), moléculas más complejas, en ácidos grasos y mono o triglicéridos, con la ayuda de las sales biliares que tienen una acción detergente y emulsificante, las proteínas son hidrolizadas y desdobladas en polipéptidos y aminoácidos (que son esenciales para la vida celular). Estas funciones son mediadas por las enzimas digestivas mencionadas y también son auxiliadas por la presencia de una gran cantidad de bacterias, que colonizan el intestino delgado y grueso, dichas bacterias realizan importantes funciones como la fermentación de azúcares y también descomposición de proteínas (putrefacción) y lípidos también. En adición las bacterias saprofitas (que son amigables, porque hay de todo, también las hay muy malditas), también auxilian en la síntesis de algunas substancias útiles para la vida como la Vitamina B12, (Cianacobalamina), indispensable para la coagulación sanguínea y otras más. La otra función del intestino es la Absorción, lo que por supuesto es absolutamente necesaria (sin ella moriríamos de hambre), se realiza: pasivamente (ósmosis como con el agua) y diferencias de gradiente; presión coloido-osmótica, activamente por energía química y electrónica y también por endocitosis (fagocitocis), células que a la manera de la amibas capturan y disuelven nutrientes. Muchas otras substancias, nutritivas y/o dañinas pueden ser absorbidas por el intestino delgado, (porque el intestino es sabio pero tampoco hace milagros!). La absorción intestinal, se realiza fundamentalmente por dos vías; La riquísima circulación mesentérica, varias arterias procedentes de la aorta la irrigan, el retorno venoso también muy profuso, y se vacía en la Vena Porta y de ahí al hígado. Además existen multitud de vasos linfáticos intestinales formando plexos en sus paredes que confluyendo en una abundante circulación de retorno de linfa "quilosa", que contiene multitud de elementos nutritivos y es de color blanco lechoso, y así se forman el Conducto Toráxico y la Gran Vena Linfática, que desembocan en la vena porta y en la cava superior.

Bueno y santo, pero el Ileon viejo es como un león viejo, pierde los dientes (aunque tenga la melena intacta), ya no digiere como antes (nada es como antaño, sniff!), ni modo cuates, habrá que consecuentarlo y tratarlo bien, porque si nó, pues a pagar las consecuencias de una vida disipada y de abusos sin cuento. (ni modo, te divertiste, te la pachangueaste, ahora habrá que sufrir las consecuencias, "cruda"o "resaca" y pagar la cuenta, no hay de otra, se acabó la sopa de fideos y sólo queda la de "hodeos"), ya lo dije antes, pero no está de más y además, usted sabe los viejitos somos muy repetitivos. No quiere decir esto que tengamos que resignarnos a comer"chopitas" y persignarnos cada vez que comemos chile o tomamos una copa, sino que más que antes debemos de ser reflexivos y sabios en eso de comer y beber, (¡Nada con moderación, todo con exceso?).

El Intestino Delgado, se une al Grueso (¡Qué grueso!) o Colon (nada que ver con nuestro admirado y venerado Don Cristóbal), de su unión (que romántico, no?), nace el "Ciego" (como el famoso "zumbador", que no vé nada!). Bueno pues éste Ciego o primera porción del Colon, tiene una valvulita (medio méndiga, no crean que muy muy), que evita el retroceso del "bolo fecal". Bien pues éste Ciego es famoso porque como ustedes saben tiene el famosísimo Apéndice, organuelo que no sirve sino para maldita la cosa, sino para darle de comer a muchos cirujanos y mejor ahí lo dejamos porque me "cai gordo". El Colon, ese sí es un gran sujeto (como José Belén "El Negro má cumbanchero que conocí en la Habana!), es un "tipazo" este Colon, si no lo aprecian nada más imagínense sin él ¡Ay nanita, tendríamos "chorrillo" todo el tiempo! Esta tripota cumple funciones fundamentalmente de absorción de agua (y también algunos nutrientes), aloja en su interior una feroz camada de las más increíbles bacterias, parásitos y otros bichos (todo un zoológico y correspondiente acuario), algunas muy útiles, otras de paseo y otras que le congelarían la sangre al más "pintado". El Colon tiene cuatro segmentos (y un montón de "austras" o pliegues); Ascendente, Transverso, Descendente y Sigmoides (por su forma de "S" itálica), que termina en una zona muy querida (y respetada por nosotros los abominables "machistas") y desgraciadamente vilipendiada y deshonrada por "otros".

Dicen algunos que soy "Homofóbico"… Pues yo no lo sé realmente, lo que si sé es que me gustan las mujeres, creo que podría haber pasado como medio"mujeriego", y en reprospecto, creo que siempre preferiría serlo, que ser "hombreriego". Otro día les explico como pienso al respecto, si lo desean y hay tiempo (Hay más tiempo que vida Doccis!).

Bien el Colon y el Intestino Delgado se enferman de muchas y variadas formas, Bacterias, Virus, Parásitos incontables, substancias químicas, emociones reprimidas, reacciones inmunológicas (horribles todas, unas más que otras). Pueden ser; Un Diarrerón hórrido, Estreñimiento maldecido, Colitis "Nerviosa", Chorrillo insignificante o Disentería Colérica, Colitis Ulcerativa Crónica (¡Ay mamá!, Enfermedad de Crohn), problemas de malbasorción; Sprue, Celiaca, Whipple, o pueden ser Diverticulosis que son deformaciones de la pared intestinal en forma de bolsa que pueden inflamarse, infectarse o aún perforarse. Poliposis, que consiste en tumores pedunculados (que tienen tallo) y que tienen la maldita costumbre de "malignizarse". Y sí ustedes adivinaron "El Coco" el mismísimo Satán de los hombres, el temido y temible Cáncer de Colon. Este asuntillo, es probablemente la causa más común de muerte después de los 60 años. Hay muchos tipos de Cáncer de Colon. Lo malo es que casi no da síntomas, hay algunas cosas que nos pueden poner en alerta, como problemas crónicos de ése órgano; dolor, diarrea, constipación, "mala digestión", gases etc. pero sobre todo sangrado, no la presencia a veces poco significativa de sangre fresca, sino sangre aunque en poca cantidad pero no tan fresca y a veces "oculta", que cambia de color las heces (más obscuras). El tratamiento es quirúrgico y exitoso cuando se detecta temprano, seguido de quimioterapia. Nuevas terapias inmunológicas y genéticas, hacen albergar optimismo en éstos padecimientos. En lo referente a su prevención, podemos mencionar que la dieta alta en fibra, baja en grasas de origen animal, y substancias como la aspirina y el calcio dietético, parecen influir en su inhibición.

El Recto y el Ano, tan útiles y respetados, también tiene su sagrada función. Dicen que; "En este mundo matraca, de ca..ar nadie se escapa, c…a el Rey, c…a la vaca y hasta la chica más guapa, hace su medio kilito de k-k".. Pero también tienen su cauda de patología e inconveniencias (pobrecitos, pero también tienen su "corazoncito").

Estos nobles y sufridos órganos, que no por estar en "la cola", son menos importantes, son valiosísimos, porque controlan una función tan vital como la respiración (¡No manches Doccis!). ¡Noo? a ver, ¿Qué harían sin ellos? La Tía Carmen (QPD) sabiamente dijo; "Por eso Diosito nos hizo perforados, para no morir reventados!". Yo entiendo que no han sido suficientemente comprendidos y apreciados, a pesar de su enorme contribución a nuestra salud intestinal (y mental), tienen además una función musical (y de advertencia a modo de las serpientes de cascabel). Su máxima función es la de almacenar, advertir y proceder a desembarazarnos (en más de un sentido), de todo aquello que ya no necesitamos y esperamos no volver a necesitar, aunque se dan casos, como dijo una vez un amigo mío cubano muy simpático, el Dr.Saúl Kosolchik, (¡Saludos Saulito, donde quiera que estés); "Oye chíco, estaba yo comiendo m…da, cuando me chocaron el auto por detrás!".

Bueno seriamente; El Recto es conocidísimo por sufrir de hemorroides, que son verdaderamente un "pain in the ass", como diría un gringuito pelado, ellos realmente tienen una fijación con éste noble órgano, para todo; “”kick asses", "bring your ass over here"y muchas otras expresiones que tiene uno (con la pena) que aprender cuando tiene uno que vivir con ellos. Bueno, las hemorroides son venas perirrectales dilatadas dolorosas, varicosas, inflamadas a veces a veces sangrantes, dan una comezón horrible, a veces se trombosan (coagulan) y duelen que qué bruto!, se pueden infectar (ya si no, miren adonde están!), sin embargo la piel y la mucosa de ésa área es particularmente resistente a las infecciones, (pero no abusen!), suelen formarse, grietas, fisuras, a veces fístulas (horror), o sea trayectos anfractuosos desde el recto a la piel perianal, o peor aún a la vejiga o a la vagina (¡que gacho, no?). Lo único bueno de esta patología, es que su tratamiento, tanto el médico, con pomadas, cremas y "suposiciones". Como el tratamiento quirúrgico (hemorreidoctomía, escisión y extirpamiento de las várices), es bien tolerado y poco doloroso (dicen). Las fístulas y abscesos perirrectales, son otro boleto, pero también tienen solución, todo tiene solución Doccis, aunque sea la muerte ¡chico!(otra vez Saulito). El Cáncer de ésta noble región al contrario es, eso sí, lo que no le desearíamos a nuestro peor enemigo y sin embargo, también tiene solución. Por una parte, se detecta más tempranamente que el de cualquier otra parte del tubo digestivo, lo cual ya es una gran ventaja, ¿no creen? Y su tratamiento tiene mayores oportunidades de éxito.

Finalizaremos, con la famosa y reverenciada clasificación de las cualidades musicales de éste noble órgano: Las personas de nobles y puros sentimientos y gustos refinados, bien harían con saltarse éstas líneas, (si es que todavía están aquí) y brincarse derechito hasta donde dice: "Au Revoir".

Clasificación Internacional del "Pedorro": (Con las debidas licencias)

El "Vergonzoso"; El que dice; "Sorry", aunque nadie se haya dado cuenta. El "Tímido"; el que apenas se oye, pero como apesta. El "Democrático"; El que lo comparte con todos. El "Hipócrita"; Al que se le ponen las orejas coloradas y voltea para otro lado. El "Despistado"; El que se echa uno y luego sale a ver quien toca la puerta. El "Gentleman"; el que se echa la culpa de la travesura de una dama. El "Sin progenitora", Aquel que es capaz de evacuar un auditorio de 1,000 personas, con todo y panelistas en menos de un minuto,"El Terrorista"; El que produce una explosión aterradora y todo mundo se "hace" de miedo. El "Tigre de Santa Julia"; el que dice: "¡Nó tiren que estoy desarmado!". "El Enamorado", el que se oye como un tierno suspiro. "El Talentoso Musical"; El que es capaz de rendir la 9ª de Beethoven sin mácula. El "Gun-Ga-Din"; El que "toca" en situaciones adversas y aún malherido. El "Opinador"; Al que tiene uno que decirle; "¡No te pregunté tu opinión!".Y el "Presidenchávez", al que tiene uno que decirle; "¡Porqué no te callas!" Y otros más, que no menciono porque soy muy pudoroso y me "chiveo". ("Chivearse": Avergonzarse).

Coma frutas y verduras… (Pero ¡No abusen! Aplican Restricciones).

¡Au Revoir!

15. SISTEMA GENITO URINARIO (I)

Lo más veloz del mundo.- *"Oiga compadre;*
¿Qué cosa es la más rápida en el mundo?...
¿Qué compadre? Pues lo más rápido es la luz,
300,000 Km por segundo, eso es...
¿La luz?, no, no puede ser. ¿No compadre?
Pues sólo el pensamiento, eso es instantáneo!...
No, compadre, no puede ser. ¿Cómo?
Pues no hay nada más aprisa compa'ito!...
Nó, compadre, porque anoche;
Pensé que me iba a orinar, prendí la luz...
y... ¡Yá me había meado!".

No sé porqué, eso de "Génito-Urinario". La verdad no debiéramos mezclar ésas dos nobles funciones. Será porque comparten alojamientos comunes? Eso me recuerda aquel chistecillo de dos viajantes (hombre y mujer) que llegaron por tren a un pueblecito por ahí perdido y de noche. Ambos coincidieron en el único hotel, a pedir alojamiento: "Marido y Mujer?", preguntó solícito el administrador. "No, por favor, habitaciones separadas". "Ah que caray, lo sentimos muchísimo, sólo tenemos una con cama matrimonial". Los pretensos huéspedes, después de reflexionar, dice la mujer; "Mire señor, usted no me conoce, yo no lo conozco, nadie nos conoce, así que... El Sr contestó (después de pensarlo mucho); "Tiene usted razón, nadie nos conoce, yo no la conozco, usted no me conoce, vamos pues".Ya en la habitación, la dama dice; "No tiene caso que duerma en el piso, al cabo yo no lo conozco, usted no me conoce, nadie nos conoce, venga a la cama". El Sr. reflexiona; "Tiene usted razón, nadie nos conoce, yo no la conozco, usted no me conoce, Sea pues" Ya en la cama, ella dice: "Nadie nos conoce, ni usted ni yo nos conocemos, ¿Porqué no iniciamos una pequeña fiestecita?". El santo varón replica; "Tiene usted razón, yo no la conozco, usted no me conoce, nadie nos conoce...Pero entonces, ¿A quién vamos a invitar?".

(¡Ah, para chistecitos mamíferos, Doccis!, se me hace que tú lo inventaste!). En realidad no es así, lo leí en el "Readers Digest" hace un titipuchal de años-. ("titipuchal" +- 100).

El agua es nuestro medio ambiente interno, de hecho existen tres compartimentos para los líquidos corporales: El compartimiento Vascular (todos los vasos sanguíneos y linfáticos), El compartimiento Intracelular; todo el líquido del protoplasma y núcleo celular, y el compartimiento Intersticial; todo el líquido alojado entre ambos.

El agua es el diluente universal, somos animales acuáticos, de hecho evolutivamente provenimos del mar. Por eso vivimos "escamados" y olemos a pescado fresco. (No te pongas fresco Doccis!). Pues bien, para conservar esa frescura rozagante que nos caracteriza, el agua tiene que fluir, no se debe estancar (cuando se estanca morimos!). Estamos medio diluidos, somos agua más del 70 %. Pero para conservar un equilibrio vital necesitamos producir energía y desprendemos calor, evaporamos agua por piel y pulmones, además los subproductos de la combustión y metabolismo, producen además de agua, muchos deshechos tóxicos, que requieren agua para desecharlos (diluiditos por favor!), el desecho intestinal (ya saben a qué me refiero), también tiene agua, (si no... ¡qué batallar!).

De modo que requerimos algo que nos purifique y lave (aparte de la confesión pecatorial frecuente). Nosotros los Betabeles somos expertos en eso de "orinita vengo", será porque nos encanta lavarnos las manos., como Pilatos, (Ponccio "El Piloto")

Como todo mundo sabe, los riñones son los encargados de esa función y son expertos en eso. Son dos, pero pueden ser tres, a veces uno sólo, a veces unidos (en herradura), pueden nacer enfermos (Poliquísticos y otras lindezas). Como todo en el organismo pueden tener errores de diseño (Enfermedades Congénitas). Igual que toda la Vía Urinaria.

Los Riñones son espléndidas maquinitas purificadoras. Poseen una enorme irrigación sanguínea a través de sus arterias renales, y drenan su sangre por sus correspondientes venas. De hecho los riñones tienen un flujo sanguíneo mayor que todos los otros órganos del cuerpo (por unidad de masa). Aproximadamente 20% del Gasto Cardiaco total (5 lt/min) ¡Alrededor de 1400 lt de sangre por día! Lo necesitan para filtrar toda ésa mugre que nuestro cuerpo produce. Este caudal sanguíneo es necesario para producir un ultrafiltrado libre de proteínas y otras moléculas grandes. Esta función la realizan sus unidades básicas que se llaman "nefronas", las que consisten básicamente en; Glomérulo, pequeña red arterial capilar, que está rodeada por una bolsita que se denomina "Cápsula de Bowman". Es a través de la membrana entre estas dos estructuras que ser realiza el ultrafiltrado famoso, ahí se inicia la vía urinaria. El líquido filtrado de esa suerte, es muy abundante, ¡alrededor de 160 lts por día! Ni pensar en que pudiéramos conservar ésa pérdida bebiendo (ni que fuéramos peces!). Eso me recuerda la ocasión en que dos compadres fueron contratados como vigilantes nocturnos de cierta cervecería; al día siguiente, encontraron a uno de ellos dormido atrás de la puerta, pero el otro no estaba por ningún lado, y al buscarlo minuciosamente lo hallaron ahogado dentro de una gran cuba de reposamiento. Y le preguntaron al sobreviviente (como nosotros); que si no se había dado cuenta, respondió el interfecto; "pues no sé, pero yo ví a mi compadre, salir cinco veces a mear".

Para no estar toda la vida bebiendo agua, como los peces (otra cosa fuera si se tratara de cerveza como el compadre del sobreviviente), las nefronas han desarrollado un increíblemente maravilloso sistema colector, a partir de la cápsula de Bowman, un conducto denominado Túbulo Contorneado Proximal (no contoneado como ciertos cantantes de "Pop"), que se continúa con una larga vuelta en "U", el "Asa de Henle", y finaliza con el

Túbulo Contorneado Distal. Todo éste sistema de tubitos están tapizados de células epiteliales basales diseñadas para selectiva y maravillosamente reabsorber, toda el agua y substancias que realmente necesitamos para vivir y mantener la "homeostasis", o sea, el equilibrio químico-eléctrico de nuestros líquidos corporales y a las células contentas y funcionando como relojitos suizos, aunque hay algunos medio "chinos" (con perdón para la admirada y respetada República de "Catay"). Bueno, ésta dichosa tubería, se llama "Nefrona Distal", y gracias ella, la cantidad orina que producimos es de alrededor de 1.5 lt por día, concentradita como debe ser (con sus asigunes, porque hay algunos betabelillos por ahí que…) Como le sucedió a cierto cuate, al que le preguntaron:"Y ¿qué andas haciendo por aquí manito?". A lo que contestó muy puntualmente; "Nada mano, pues por aquí me- ando" (andar=caminar). Y así nos pasa a todas horas.

Bien pues ésta bendita nefrona, primero filtra la sangre (a través del glomérulo), no deja pasar corpúsculos sanguíneos ni moléculas grandes como proteínas y lípidos, cuando lo hace (¡sangre!, está funcionando mal!). Hay muchos, muchísimos padecimientos glomerurales (Glomerulonefritis de diversos tipos, todos muy graves como la Toxemia Gravídica o "Eclampsia" del embarazo). Estos pequeños vasitos, se pueden dañar permanentemente con tóxicos, reacciones inmunológicas, infecciones, enfermedad microvascular (Lupus Sistémico y otros). Los podemos reconocer porque casi siempre cursan con elevaciones importantes de la Presión Arterial, Sangre en la orina (a veces microscópica) y por la presencia de Albúmina (proteína) en la orina, pueden cursar con "Síndrome Nefrótico", más frecuente en niños, donde la filtración se reduce severamente, hay pérdida de proteínas, el colesterol se eleva, y hay edemas generalizados (hinchazón de todo el cuerpo y otras cosas "lindas", como "Uremia" o Disfunción Renal.

La Nefrona Distal, el sistema tubular, tiene más de 40 funciones en los más de 20 tipos de células que lo constituyen; Reabsorbe fundamentalmente agua, para mantener el equilibrio coloido-osmótico (relación de sales y proteínas diluídas en el plasma sanguíneo), y así concentra la orina. Pero también muy importantemente selecciona todas las substancias que no podemos andar desperdiciando en cualquier bacinica, como son: Sodio, Potasio, Cloruros, Magnesio, Calcio, Fósforo, Bicarbonato, Glucosa, Vitaminas, y muchísimos compuestos más que necesitamos. Deshecha muchas otras, que no necesitamos o que nos estorban o dañan, con una sabiduría que asombra.

Sin embargo, el "Túbulo", también se puede dañar o enfermar de muy diversas maneras. Una de ellas es la baja en el flujo sanguíneo o "Gasto Cardiaco" con Hipotensión Arterial, esto se produce frecuentemente en el estado de Shock" (no digo choque porque en castellano "choque" significa más bien accidente, "Fiebre Carbonosa" o "Fiero Caboronazo" para que me entiendan los puristas de la lengua). Bien, en el estado de shock, la circulación renal disminuye mucho, particularmente en los túbulos renales y estas sensibles células, pueden desfallecer, desorganizarse y a veces necrosarse (morir), Y entonces dejan de ser eficaces y la reabsorción selectiva se "va pa`l cuerno", el paciente que inicialmente ha dejado de orinar, por el Shock y la baja de presión arterial, cuando se restablece esta grave condición, se encuentra con una grave disfunción renal, orina mucho y bien, pero no concentra (como los niños con Déficit de Atención tan de moda en la actualidad, antes decían; "Ah que zoquete muchacho éste!" y unos cuantos sopapos era toda la "terapia"). Y por lo tanto el paciente retiene una gran cantidad de substancias tóxicas y además ¡se deshidrata!. El problema suele ser grave si no se detecta y trata a tiempo. Los túbulos renales o"Nefrona Distal" se pueden enfermar de muchas otras formas, pero el resultado casi siempre es el mismo; Insuficiencia Renal, Azotemia (no te azotes!) o Uremia. ¿Porqué "Azotemia?", bueno pues eso quiere decir; Retención de substancias "azoadas" o sea nitrogenadas, como Urea, Ácido Úrico, Amoniaco, Creatinina, y otras cosas "nice", que siendo producto de la degeneración de nuestros tejidos, son increíblemente tóxicas. La Nefrona Distal, también envejece (faltaba más), se pone perezosa, descuidadona, desorganizadona, y hay que consecuentarla y tratarla con cariño, (¡está viejita, como nosotros), no hay que recargarle la mano con trabajo excesivo y echarle porquería y media, como irresponsablemente hacíamos cuando éramos "mocos".

Sin embargo, aún cuando las cosas funcionan"bien", aún en la juventud, la concentración de la orina (función tubular) puede jugar en contra de nosotros, ya que al hacerlo puede saturar la orina de elementos cristalizables, como calcio, uratos, oxalatos, fosfatos, y éstos formar...sí ustedes lo adivinaron; Cálculos o piedrecitas, que a veces son enormes y pueden dañar los tubos colectores y conductores de orina, a veces son "arenilla", que va a dar a la vejiga y después se consolida para formar verdaderas pelototas (como piedras de río), pero las más forman cristales irregulares de tipo coraliforme que se pueden atorar en los conductos urinarios que se llaman"Ureteros", que son los que conducen la orina a la vejiga, y producen el famoso y temido Cólico Renal, muy doloroso y que produce sangrado urinario variable. Cuando los "cálculos", son arrastrados por el flujo de orina, van lacerando el endotelio ureteral, esto aparte de ser muy doloroso, puede cicatrizar estrechando o estenosando los conductos, cuando ésta condición es crónica, puede conducir a la dilatación progresiva y severa de toda la vía urinaria, hasta el riñón y producir lo que se denomina "Hidronefrosis", y dañar seria y permanentemente a dicho órgano. Para "acabalar"(vulgo para decir, acabarla de hoder), toda la vía con el riñón incluído se puede infectar y producir la nefasta "Pielonefritis", que es la infección, inflamación, dilatación, destrucción y a veces producir absceso renal o incluso infección generalizada de la sangre "Sepsis" o "Septicemia", frecuentemente mortal. (¡Brr, la Calaca Flaca!)

Las Vías Urinarias Bajas, como se le denomina a todos los conductos de orina ya formada y lista para su entrega, se conectan con la vejiga, una bolsa "poca má"...(mexicanismo para decir maravillosa), perfectamente impermeable, adaptable y muy precisa, que nos permite (una vez entrenada, agradézcanle a sus padres de todo corazón) ¿Se acuerdan del "Potty-Training"?, ¡qué se van acordar!, a duras penas se acuerdan donde está la "llavecita"! Esta vejiga (¡Yo no necesito vejigas para nadar, dicen algunos, orgullosos "betabeles" y "más pronto cae un hablador que un cojo"). Situada adelante del Recto y atrás del pubis, tiene su propio ritmo, secuencia y musculatura (músculo detrusor) el cual en la juventud, era tan potente que era capaz de apagar una fogata a 10 mt de distancia y de chiquillos echábamos competencias para ver quien llegaba más lejos ¿Se acuerdan?

Bien pues éste noble órgano con la edad se vuelve flojo, intolerante y caprichoso (igualito que nosotros) y nos hace pasar cada pena, que Dios guarde! Sin embargo, no toda la culpa la tiene ella. En las mujeres, la incontinencia urinaria, casi es la regla, debido a múltiples causas, una es la debilidad o atrofia de los músculos pélvicos (Los que cierran la pelvis y sostienen Recto, Vagina y Vejiga), porque ya no se usan o se usan poco, sobretodo después de haber tenido varios embarazos y sobretodo partos vaginales, también la Menopausia y la baja en la actividad estrogénica es de gran importancia, y sí ustedes adivinaron también ya no usan esos músculos que son muy característicos de la actividad sexual y sobretodo del orgasmo femenino (claro que ¿Quién lo quiere a estas alturas Doccis? No seas tan insolente y presumido!). ¡Upps! Como quiera que sea, la incontinencia urinaria femenina es un problema serio, requiere revisión por especialista, podría requerir inclusive cirugía, cuando es grave, ayudan mucho los ejercicios repetitivos y constantes de la musculatura pélvica (otro día le enseño algunos que me aprendí hace tiempo), medicamentos que aumentan el tono y fuerza del músculo detrusor y vaginal y la fortaleza y eficiencia de los esfínteres vesical y uretral.

En nosotros los hombres (otra vez andas de presumido Doccis!), el "cuello" de la vejiga (nada que ver con;"Coopelas o cuello" de nuestro amado mexico-chinois Yin-Le-Gon), o sea la parte musculosa de la vejiga que permite la micción, está en íntima relación (¡Hay vas con tus joterías Doccis!), ¡Oh, no puedo decir nada? Con la afamada, vilipendiada y apreciada Próstata, tan reverenciada por la mujeres (le dicen despectivamente "La Postdata"), que luego les cuento para qué sirve aparte de hacernos pasar cada pena que…

Bueno pues resulta que todo esto nos puede producir desde la aborrecida e inoportuna "Urgencia" (se anda uno "meando" a cada rato por todos lados, como si fuera mocoso), hasta la abominable incontinencia y tener que usar "toallita", como nuestras adoradas féminas (¡Qué bochorno!). Pero peor aún es la malvada Retención Urinaria Aguda, o sea "Tapiarse" como dicen en el rancho, que es horrible, dolorosa y hacen que uno pierda el pudor con el urólogo en turno, que es un bendito doctor con una fijación de andar agarrándole a uno el…. ¡Benditos sean! Yo les besaría la manos aunque todavía no me ha tocado,(¡Toco madera!). La Próstata también tiene su corazoncito, su ritmo y su patología, y más vale que la cuidemos, consecuentemos, y sobretodo que estemos ¡Ojo avisor!, porque tiene una maldita tendencia a crecer, crecer y crecer, en base a su tejido glandular (adenomatoso), sobretodo cuando la dejamos de usar (no es por gusto Doccis!, no te cuelgues!), pues será "El Sereno", pero ¿Se han fijado que los hombres más castos (sacerdotes? y demás), tienen una alta incidencia de Adenoma Prostático? Y de ninguna manera los estoy incitando a una vida de "crápula" desenfrenada (ya quisieras, brincos dieras...maldito!). Bueno ignoraré sus quejas aunque simpatizo con ellas. Como quiera que sea, ¡a cuidarla!, Dios nomás nos dió una. Además cuidado con la malignización de tan noble órgano, que es de veras un azote potencialmente mortal para nosotros los varones (que tan bien nos hemos portado). Eso es lo que solíamos decir cuando pasaba cerca una apetecible y sinuosa (nada de "Sinuhé el Egipcio"!) dama; "Mira nada más lo que creó Diosito, para nosotros sus hijitos consentidos, que nos portamos bien". El Cáncer de Próstata, el Adenocarcinoma más frecuentemente, inicia sin aviso, sin molestia alguna y es capaz de destrozarnos la vida a estas tiernas edades. Y mejor ya no le sigo porque se me puso "chinito el cuero". Por lo pronto; A checarse frecuentemente, mínimo cada año o antes como la Confesión de Vigilia; "si hay riesgo de morir", porque en este caso así es. ¡No le tengan miedo ni asco al Urólogo, no es tan malo ni tan mañoso como ustedes creen. Pueden darle la mano con confianza (ya se la lavó).

La Uretra, es el "tubito" terminal de la vía urinaria, conecta la vejiga con la "nica". Es sin duda un órgano maravilloso y el más famoso de los varones (Existe por cierto un "Salón de la Fama", en donde ustedes pueden inscribirse!). Para las mujeres sólo es un tubito necesario, pero para nosotros es motivo de dignidad y orgullo. Está en íntimo contacto con la próstata y las vesículas seminales y posee un par de esfínteres musculares estupendos, que nos permiten ser socialmente aceptables. Sin embargo, cuando disfuncional, y lo hacen con crueldad, nos regresan dolorosamente a la más tierna infancia (no se-a-pene joven!)..

La Insuficiencia Renal, es en término que involucra una pérdida parcial o total de las capacidades purificadoras de éste noble órgano;

Consiste en la acumulación de todas ésas substancias tóxicas que necesitamos desechar, la más conocida es la Urea, pero no la más tóxica ni la más abundante. Lo más importante de la función renal, por sus efectos metabólicos, es el balance hidro-electrolítico: La excreción de: Agua, Sodio, Potasio, Cloro, Bicarbonato, Calcio, Fosfato, Magnesio y otros elementos que constituyen los solutos o sales normales del plasma humano y que se denominan "cristaloides", estas substancias al diluirse en el plasma ejercen una presión, hacia fuera que se denomina presión "osmótica" y que las obliga a salir de las células. Las moléculas más grandes como; proteínas, lípidos, triglicéridos, aminoácidos, etc, se encuentran en el plasma suspendidos de forma coloidea, estas substancias ejercen una presión hacia adentro del plasma que se denomina presión "oncótica". La interacción de dichas fuerzas determina el equilibrio coloido-osmótico, que es indispensable para la supervivencia de todos los tejidos humanos. Todas las células, todas las membranas del cuerpo humano utilizan estos mecanismos para intercambiar agua y solutos en muy diversas maneras. Para realizar sus funciones los riñones, requieren de la energía que le proporciona la presión y flujo sanguíneos (presión hidrostática) y su interacción con la energía químico-eléctrica del equilibrio coloido-osmótico y de la reacción químico-enzimática de los túbulos renales. Por lo consiguiente, es indispensable que la Presión Arterial y Flujo Sanguíneos se encuentren dentro de límites normales. Por eso los riñones juegan un papel tan importante en la regulación de la Presión Arterial. Tal efecto se realiza a través de varias acciones hormonales y enzimáticas, mediante las cuales, segregan una substancia notable; La Renina, la cual a su vez mediante varias interacciones químicas hormonales complejas en la cuales interviene fundamentalmente la cantidad de Sodio de todos los compartimentos, la Renina se convierte en Angiotensina II, que es un potente vasoconstrictor. Además el volumen plasmático varía notablemente de acuerdo a la actividad del Eje Renina-Angiotensina y la cantidad de cristaloides del plasma. Esto es muy importante en el tratamiento médico de los casos que cursan con Hipertensión Arterial, irrespectivamente de su origen, y ha representado un cambio favorable muy notable en la supervivencia de los pacientes con Hipertensión Arterial.

Los Riñones y toda la Vía Urinaria, desde las arterias renales hasta el meato urinario (agujerito que antecede a la bacinica), pueden enfermar o padecer trastornos de muchos tipos algunos adquiridos y otros estructurales congénitos, amén de los trastornos metabólicos que también tienen lo suyo en eso de hacernos la vida imposible. Son susceptibles de cuando menos 80 padecimientos serios o graves. Muchos son tratables médicamente, otros prevenibles (como las infecciones) y otros pueden corregirse o aminorarse con cirugía.

Cuando todo está perdido y la función renal es o se acerca a cero, la Hemodiálisis, sea Peritoneal, o Extrarrenal con Riñón Artificial, son procedimientos para suplir las funciones básicas de filtración y reabsorción renales, desviando la sangre hacia una máquina que supla dichas funciones y los maravillosos procedimientos de Transplante Renal, tan en boga hoy en día, ofrecen nuevas y apasionantes alternativas a estos antaño mortales por necesidad padecimientos. Que no le deseamos a nadie.

Esperamos sinceramente que "todo salga bien".

16. SISTEMA GENITO REPRODUCTIVO (II)

LA CREACIÓN DEL HOMBRE – (Día Sexto):

Y creó Dios al hombre a imagen suya; varón y mujer Los creó. Los bendijo Dios y les dijo; "Sed fecundos y multiplicaos, henchid la tierra y sometedla, dominad Sobre los peces del mar, las aves del cielo y todos losAnimales que se mueven sobre la tierra".

Génesis: I, 26-27

LAS DOCE TRIBUS DE ISRAEL:

Jacob sirve a su tío Labán y este en premio le da por mujeres a sus dos hijas; Lía y Raquel. Estas en ardua competencia le dan, Lía; 6 hijos, 5 más de sus esclavas Bilhá y Silfá, y así nacieron: Rubén, Simeón, Leví, Judá, Dan, Neftalí, Aser, Gad, Issacar, Zabulón y una hija; Dinah. Finalmente Raquel le dá a José y a Benjamín.

Capítulo 29-V; 15-24. "El País de Los Hijos de Oriente" .

Finalmente "entrados en razón", dividimos la parte urinaria de la genital. (Sí Doccis, no la amueles, ¡no confundas el atole con el pozole!). Y ahora abordamos la sección "cuchi-cuchi" de nuestro programa, apagen o bajen la intensidad de la luz y asegúrense que los "buquis", no anden espiando. Apártense los viejitos libidinosos y las viejitas curiosas y chismosas! Esto va en serio. Sin embargo si Usted es de ésas personas pudibundas, de ánimo delicado y prístina moral que consideren que el sexo es algo más bien para animales, o a lo mejor consideren que es algo sólo para jóvenes y que además; Qué les puedo decir que no conozcan o hayan hecho, y que además todo mundo habla de "eso" hasta el hartazgo (tienen razón), me permito aconsejarle que se brinque éstas líneas y reanude cuando vea la palabra "Sayonara". Ahora que si usted es de "Las aves que cruzan el pantano y no se mojan", ¡Adelante mis valientes! como solíamos decir a la compañeritas; ¡Acérquense, que lo peor que les puede pasar... es algo muy a todo dar!

Bueno, Doccis, pero; ¿Porqué la cita bíblica? se me hace que eres de ésos hipocritones "ratones de sacristía". Les diré que aunque yo soy un enamorado de la ciencia y un agnóstico en materia religiosa, (yo las respeto a todas), no puedo negar mis orígenes y mi cultura Judeo-Cristiana. Y como quiera que sea; El mandato a reproducirnos, no es nada más cosa religiosa, forma la parte más básica de la naturaleza de la Vida. Recuerden que la Naturaleza en su búsqueda de la Inmortalidad, eligió la Reproducción como único método de Supervivencia. O sea que la clonación, (mitosis), no puede continuar indefinidamente, la "meiosis"(reproducción sexuada), debe continuar y renovar la vida.

Los órganos sexuales o genitales (geno=gigno, generador de vida), Usted los conoce. (a éstas alturas Doccis, todos "sabemos latín"). Ahora que si no los conoce no vaya a pasarle lo que a Caperucita con el Lobo Feroz, que la inducía a yogar, ella muy candorosa, decía; "¡Ay nó lobito, yo sólo cuando me case y de blanco!" El lobo mañoso, le dice; "Sí claro Caperucis, ¡por supuesto! Vamos a casarnos". "Bueno", dice ella entusiasmada: "Pero yo quiero velo". A lo que el lobo replica; "Bueno, pues hay por el camino se lo enseño".

Ladies first: El aparato sexual femenino, situado dentro de la pelvis, muy protegidito y calientito (qué rico, no?), es una perfecta maravilla de la naturaleza, como decíamos de jóvenes y aún ahora, cuando veíamos a una estupenda espécimen;"Mira manito; ¡Qué obra maestra de la naturaleza!", Y soltábamos la baba (todavía).

Ahora que ya nada puede sorprendernos (no seas arrogante Doccis!, ya te han visto!), les diré que no es para tanto, nada más la razón de nuestra existencia (Ya lo dijo bellamente Agustín Lara "El Flaco de Oro"; "Eres la razón de mi existir… Mujer").

Básicamente consiste en; Útero "La caja de los muñecos", Ovarios, Vagina y Vulva. Estos órganos se originan embriológicamente de los Conductos de Müller, tubos pares primitivos, que se unen para formar el Útero y reabsorben su tabicación fetal antes de nacer, cuando no lo hacen, resulta la famosa malformación: "Utero Bicorne" o "Bilobulado".

El Útero es un órgano hueco, musculoso en forma de cono truncado, aproximadamente 6 a 8 cm de longitud y 5 o 6 de grosor en la nulípara, (sus dimensiones varían mucho por razones obvias), la parte ancha o fundus, dá origen a las "Trompas de Falopio", que son los oviductos, por donde pasan los Óvulos y donde más frecuentemente se fecundan. Las Trompas se encuentran adosadas y sostenidas por ambos ligamentos anchos de útero, formaciones fibro-serosas , que mantienen al útero en posición, junto con los ligamentos redondos, que partiendo de las "Astas" o cuernos del útero en su parte más ancha, lo fijan a la vulva y labios mayores. El útero está cubierto y adosado al recto, vejiga y pubis por repliegues peritoneales y ligamentos fibrosos laxos que le permiten movilidad. La porción cónica del útero se denomina cuello o Cervix y sobresale en el fondo de saco de la vagina, y está comunicado al exterior, (como la gente valiente, ¡bravo! como queriendo pelear!), mediante el orificio cervical u "Hocico de Tenca" (lo siento, yo no les puse éstos nombres), por donde sale el líquido menstrual y más tarde ¡los babies! ¡No me digas Doccis, qué novedad! Bueno, pues hay que decirlo, porque hay algunos tipejos que no saben si son de probeta, o si solamente son "Hijos de la; Sh.... !"

El Útero tiene una capa serosa y una cubierta aponeurótica fibrosa que la rodea y protege y por donde recibe abundante irrigación sanguínea por dos pedículos vásculo-nerviosos cerca del Istmo cervical. Estos vasos son susceptibles de aumentar su flujo más de 20 veces durante el embarazo (gracias ello estamos vivos Betabeles, ¡Quítense el sombrero!).

La parte muscular del Útero también es portentosa (como todo en esta región), su capacidad de hipertrofiarse, dilatarse y producir la energía necesaria para el parto, es comparable a la de un atleta olímpico bien entrenado. El Útero está recubierto internamente con una ricamente vascularizada túnica mucosa de epitelio cilíndrico; El Endometrio, que es muy resistente y extraordinariamente prolífico, ya que es capaz de reproducirse completamente con cada menstruación y más aún antes del parto. El Endometrio contiene numerosas glándulas que producen moco muy espeso y viscoso, que tapona y protege el interior del Útero, estas glándulas pueden formar quistes en el Cervix, que se denominan "Huevos de Naboth", (Qué les parece, ¡A qué Naboth éste, donde vino a poner sus…!). Este lugar también es susceptible de formar los tumores cancerosos más comunes (causa número uno de mortalidad femenina); el Adenocarcinoma Cervical, con muy frecuente relación a la infección con el Virus del Papiloma Humano. El Endometrio también puede cancerizarse o formar otras neoplasias (Mola Hidatiforme y otras), y también puede formarse anómalamente en otros tejidos que nada tiene que ver con él. De esta manera puede aparecer tejido endometrial en otras regiones del peritoneo, es decir; Endometriosis, aún en otras partes que no se meten con él (como la nariz!) y claro usted lo adivinó, ¡sangran cada 28 días como si nada!,(¡Qué sangres! ¿nó?), y así producir problemas y daños sin cuento y es frecuente causa de dificultad para embarazarse -¿Por la nariz?,¡nó manches Doccis!- (¡Ah qué mujeres tan complicadas!… y lindas ¿nó?).

Las Trompas de Falopio tienen una estructura especial, son bastante movibles adosadas al los ligamentos anchos y se incurvan hacia abajo y dentro, rodeando a los Ovarios, que son la máxima maravilla de la naturaleza ya que contiene las "Células Germinales Humanas".

Los Ovarios, dos por supuesto, son ovoides (Ay Doccis qué mamífero eres!). No son muy grandes, miden en la nulípara aproximadamente 25 mm longitud y 12 o 15 de anchura, aumentan de tamaño alternativamente, cuando maduran un óvulo. Reciben aporte sanguíneo selectivo abundante, por su polo inferior o hilio (tallo) a lo que constituye su región medular, recubierta por una capa cortical más gruesa y densa que contiene los Folículos de Graff, en donde están los Ovocitos. Estos maduran después de la pubertad cíclicamente cada 28 días y producen un óvulo maduro cada uno, alternándose en tal función. Estos folículos se aproximan a la superficie del óvulo y se abren en la cápsula ovárica, expulsando al Óvulo y el líquido folicular correspondiente, para ser capturado prestamente por la Trompa y conducido hacia el Útero. Los sacos foliculares cicatrizan formando tejido glandular que produce la Hormona Luetinizante o Progesterona, también denominada "Hormona del Embarazo", que es indispensable para que el Endometrio tenga cambios favorables a la anidación del Óvulo fertilizado y formar la Placenta.

Los Ovarios tienen por consiguiente dos funciones fundamentales; Producir Óvulos maduros y también las Hormonas Estrogénicas y Progestogénicas, que son indispensables para el equilibrio hormonal de la mujer, pero después de la Menopausia se atrofian lentamente y dejan de funcionar. Felizmente los estrógenos se producen también en otros órganos.

Los Ovarios son susceptibles de formar tumores de varios tipos, cancerosos y benignos. Los más comunes son los "Quistes", que pueden ser Folículos de Graff degenerados que crecen desmesuradamente que a veces alcanzan tamaños increíbles (me creerían tamaño melón o sandía?), a veces más raramente se forman "Quistes Dermoides" que son resultado de un crecimiento anormal del Óvulo denominado "Embarazo Partenogénico", o sea sin ser fecundado (*Partenòs: Virgen)*, y que frecuentemente contiene pelos, hueso y otros tejidos. O más raramente; "Teratomas", tumores monstruosos a veces malignos.

El Útero presenta con gran frecuencia tumores benignos denominados "Miomas o Fibromiomatosis", que pueden crecer desmesuradamente y causar sinnúmero de problemas a nuestras amadas contrapartes y frecuentemente son causa de Esterilidad.

La Vagina (y aquí hago una genuflexión), es otra de las 7 Maravillas del Mundo (antiguo y moderno), es otro órgano musculoso y portentoso (ha sido causa de guerras y calamidades sin cuento a través de la Historia), sus dimensiones y características son secreto de estado celosamente guardadas por féminas y sus Ginecólogos por igual. Recordemos el antiguo chascarrillo, que relata la ocasión allá a inicios del Siglo XX, en que un hacendado huyendo de los bandoleros que invadieron su rancho, (Su esposa con el hijo por un lado y él con la hija por otro), fueron finalmente alcanzados por los gavilleros, los que les robaron todo. El pobre hombre apesadumbrado, se lamentaba amargamente, pero la chica, lo consoló, diciéndole; "No llores Apá, ¡yó astutamente me metí las Joyas de la Familia, en la... (cosita)!. A lo cual el pobre hombre, incrementó su sollozar, quejándose:"Ay, M`ijita, qué lástima que tu Mammy no vino con nosotros, porque si así hubiera sido...ni la maletas perdemos!"...Se han fijado que los chistes acerca de los órganos sexuales, cuando se refieren al tamaño son totalmente opuestos? (las mujeres dicen que"qué pequeño!" y los hombres; que "qué grandota!".

Bien, La Vagina (¡Oh, Home Sweet Home!), Órgano musculoso extraordinario, de color, textura y aroma maravillosos, acomoda todo, a veces tan pequeñita candorosa e inocente, y a veces... Baste con saber que se distiende como 30 veces su tamaño original para permitir el parto (más aún en Yucatán, dicen), es; elástica, distensible, sensible, emotiva, inteligente e impermeable. (Pero eso del "punto G" es una perfecta tarugada).Tiene una sensibilidad impresionante y personalidad propia (dicen), aveces caprichudita y aveces alocadita (pero es adorable siempre), sus glándulas de Bartholini la protegen y lubrican con abundante moco espeso y tiene abundante flora bacteriana a veces beneficiosa (Bacilos de Döderlein) y a veces todo lo contrario (Monilia, Trychomona, et al). Cuando envejece se torna arisca, sensible e intolerante, pero eso depende de varios factores, la Menopausia atrofia sus glándulas, su epitelio y su musculatura. Requiere cuidados, higiene delicada, respeto y cariño (igualito que ellas). El cuidado ginecológico experto, es necesario y mandatorio.

La Vulva; De ella mejor no hablamos, yo creo que todo mundo la conoce y si no la conoce, pues no sé si le ha valido la pena vivir, (además... nó!, porque me dan calambres!).

Bueno, eso esta muy bien, pero ¿Porqué nos gustan tanto las mujeres?, si no son tan diferentes de los hombres. (Amigo, si todavía no entiendes eso, es que no entiendes nada!).

El atractivo sexual, es algo sumamente complejo, porque de hecho el órgano sexual principal es el Cerebro, las funciones cognoscitivas, sensibilidad, motricidad y las indispensables funciones endocrinológicas, empezando por el Eje Hipotálamo-Hipofisiario, todas son cerebrales.

Claro que a propósito dejé para el último, las características sexuales femeninas, no por gusto, sino por deleite. Ustedes ya las conocen (¡y las explotan, wiejas condenadas!), saben que nos dominan y esclavizan con facilidad. En serio, el poder del atractivo femenino, es increíble, y ha causado más guerras que el comercio, la religión y las ideologías juntas

Las características sexuales femeninas, denominadas "secundarias"(nada de secundarias, son más bien "preparatorias"), todo el mundo las conoce, están por todos lados en la anatomía femenina, desde el cabello a la punta de los pies, pero las dominantes son; Los Pechos o Mamas, las Caderas, La Psiquis, La Piel y todo lo demás. Las Feromonas y el aroma de los Estrógenos, son inevitablemente factores de atracción indudables.

Pero cuando me han preguntado; ¿Qué es lo que más nos llama la atención a los hombres de las mujeres? Creo que podríamos contestar: "Si Ella viene, la apreciamos de la cintura para arriba y si se está alejando, de la cintura hacia abajo".

Como quiera que sea, yo sostengo que el órgano sexual más grande e importante es sin duda el cerebro, como decíamos arriba. Imagínense un "descerebrado"(como hay muchos). Obviamente actuaría a nivel reflejo médula-espinal, mecánica e inconscientemente. Se estaría apareando con el primer poste telefónico que le quede cerca.¿Han visto a ésos perritos, enceguecidos por su instinto, intentando cópula con la pierna de las visitas? Hagan de cuenta. El acto sexual humano, ha de ser no sólo afectivo-amoroso, satisfactorio, gozoso (el más placentero que tiene la especie), sino también inteligente, responsable y un importante vector en el crecimiento, comunicación y desarrollo del ser humano. (Ah! Sí? déjame comunicarme, ahorita vengo Doccis!). Puede que no todos estemos de acuerdo, pero creo que es responsabilidad de nosotros los mayores, el trazar los lineamientos de la conducta sexual y si no pudimos poner el ejemplo, sí trazar la dirección. Sobre todo ahora que para propósitos prácticos, estamos fuera de la jugada. (Habla por ti, Doccis yo todavía soy "chavo"!). Esto me recuerda, la aseveración, no deprovista de cinismo y algo de verdad, que asegura que;"La violación, es una agresión con arma amistosa".

Vayamos a los varones. (A fuerzas, no lo hago por gusto). Quizás valga la pena decir que los órganos genitales tienen origen en el surco genital medial embrionario, que en las primeras semanas de la gestación, da origen a la vesícula Alantoidea que inicialmente está unida al tubo digestivo terminal.

Esta estructura da origen a: Vejiga; Utero, Ovarios, Vagina y Recto. La Vulva, Próstata, Uretra, Vesículas Seminales y Pene, se originan del Tubérculo Genital, que se desarrolla alrededor de la 5ª semana gestacional. Los Testículos y Epidídimo, se originan del embrionario Órgano de Wolff, o Riñón primitivo.

La Uretra en el varón, es un tubo fibro-membranoso muy largo (¿largo dijistes Doccis?, no te cuelges! presumido!). Ahem!, sucede que lo que ustedes ven es solamente la parte terminal, en realidad mide más de 20cm (en reposo) desde su origen en el "Veromontanum" vesical. Está rodeada en el cuello de la vejiga por el espléndido músculo esfinteriano (¡espléndido, my foot!, vieras que vergüenzas nos hace pasar!). Bueno yo lo sé, que me cuentan. Está rodeada en su origen por la Próstata, a la que se conecta junto con las Vesículas Seminales (no los indios Seminoles, ésos son otros, los aborígenes de la Florida) a la Uretra. Éstas dos estructuras músculo-membranosas, son continuación de la porción vesicular de los Conductos Deferentes, que vienen de los Testículos vía los Conductos Inguinales. Y que tienen por noble (y placentera) función, la de eyacular el semen, en su maravilloso momento y lugar. La Próstata, es una glándula extraordinaria de secreción externa (y también interna), situada debajo de la vejiga, mide aproximadamente 30 mm de largo y 25 de grosor, tiene forma de "corazón de naipes", por su parte "gorda" o posterior recibe las Vesículas Seminales y por su "pico", rodea la uretra, también está en contacto con el Recto, lo cual es portentoso, porque nos permite su exploración táctil (que ha salvado tantas vidas de inocentes y castos varones). Aquí debería decir vehementemente; "No le saquen, ¡cobardes!" (a lo que alguien contesta;"pues, ¡No le metan!, metiches!"). La Próstata tiene por función primordial, digo además de darle de comer a los Urólogos (también conocidos como "Ornitólogos", no se porqué), la de producir líquido prostático, que junto con el líquido seminal, le da fuerza, vigor y vitalidad a los Espermatocitos (tan valiosos y tan poco estimados por algunas ingratas).

La Próstata tiende a crecer (se hipertrofia), con la edad del hombre, arriba de los 60 años, en la "Flor de la Vida", (Qué ironía, cuando ya menos la necesitamos), sus 20 o 30 racimos glandulares, crecen a veces en forma desordenada y asimétrica formando nódulos pequeños, cuando éstos nódulos se tornan grandes y de mayor consistencia, pueden volverse cancerosos, es especialmente riesgoso, un nódulo duro, único, no doloroso, de ahí la conveniencia de "checarse" con frecuencia (pero tampoco abusen, no les vaya a dar "un aire"). El Adenocarcinoma Prostático es un cáncer de crecimiento lento pero seguro, puede invadir tejidos adyacentes o enviar metástasis (semillas) al Mesenterio, Hígado, Huesos, Pulmones, o Cerebro, antes de que nos demos cuenta de quien nos atropelló. Su tratamiento y manejo, son muy exitosos en etapas tempranas, pero en tardías pueden ser excruciantes y muy penosas.

El Aparato Genital Masculino, no requiere presentación (se presenta sólo), consta de Pene y Testículos (¡N`ombre Doccis, qué novedad!). Pero permítanme decirles, que es un órgano increíble, una maravilla, complicado en su anatomía y funcionamiento. Tiene una carga emotiva, cultural, psicológica e histórica enorme, y una importancia fundamental en el desarrollo, evolución y permanencia de la especie humana en el planeta, que no puede ser obviada. Históricamente, en todas las culturas primitivas y modernas, ha sido reverenciado, adorado, y considerado como la representación de la fuerza, la potencia creadora, el liderazgo, la dominación, la audacia, el valor y el arrojo (junto con los testículos). Al mismo tiempo odiado, temido y reverenciado, subvalorado modernamente también por los movimientos ultrafeministas, no sabemos si por el esgrimido y cuestionado complejo psicológico de "Envidia Peniana" o de "Castración", o por reacción enaltecedora femenina muy explicable en vista de la injusta predominancia y abuso del género masculino, que consideraba secularmente a la especie femenina como inferior y sujeta a dominio abyecto. En fin éste tópico podría llenar varios textos y mejor ahí lo dejamos. (no queremos problemas).

El Pene: Esto me recuerda aquella ocasión en que una niña pequeña, al regreso del Kinder, le pregunta a su mamá:"Oye Mammy, ¿Qué es eso de "Pene"?. La señora, con explicable desconcierto, le dice al marido;"¡Qué te parece lo que le enseñan a la nena! ¿Qué hacemos?". El hombre estupefacto, dice:"Es mejor hablarle con toda claridad", y procede a explicarle a la pequeña con todo detalle y rigor científico, con diagramas y todo. La pequeña, cada vez con ojos más grandes, finalmente dice; "Gracias Mamy, y Papy, gracias, ahora yá sé porqué, la "Miss", nos pidió que rezáramos una Ave María, por su difunta tía, para que su "alma, no pene"...

El Pene tiene y ha tenido múltiples nombres y apelaciones a través de la historia y las culturas. Lo que es sorprendente siendo tan pequeño (no me digas, Doccis!) e inofensivo. No los incomodaré con una retahíla de sustantivos, adjetivos, adverbios, apodos pleonasmos y demás "figures of speech", pero si agradecería algunas novedades al lector.

Bien; "Decíamos ayer"(San Juan de la Cruz), el Pene, -ya saben donde está- es continuación de la Uretra masculina y desde su porción prostática, es de consistencia fibro-conjuntiva con escasas fibras elásticas y musculares, al acercarse a la sínfisis pubiana (porción más anterior del hueso pélvico), se ensancha, adquiere características esponjosas y constituye la uretra bulbar, a la que se adosan dos formaciones casi cilíndricas de tejido conjuntivo-fibroso, extraordinariamente vascularizadas, denominados Cuerpos Cavernosos, estas estructuras forman el cuerpo del Pene y su función eréctil. Tienen en su interior una arteria central (cada uno) y múltiples formaciones lagunares, están rodeados por una gruesa membrana llamada Albugínea, con fibras musculares lisas radiando hacia los cuerpos cavernosos a los que encapsula, así como al cuerpo esponjoso que lleva en su centro a la uretra. Estas estructuras están rodeadas por una capa celular muy vascularizada, que contiene las dos grandes venas dorsales del pene y muchas otras, por encima de ella, está el Dartos, membrana conjuntiva con fibras musculares que también rodean a los testículos, esta túnica es altamente movible y deslizable bajo la piel del pene, hecho fundamental en la erección y la penetración. (¡Qué maravilla! ¿No?).

La Uretra bulbar o esponjosa, se encuentra adosada por debajo de los cuerpos cavernosos y junto con éstos, hace su gloriosa aparición en el perineo masculino en medio de una explosión pilosa (¡No manches Doccis, eso de la "explosión pilosa" no era necesario). Está sujeto al hueso púbico por fuertes ligamentos suspensorios y tres músculos pares que lo asisten en la micción, erección y eyaculación; Los Transversales perineales, los Isquiocavernosos y los Bulbocavernosos, (si no fuera por ellos, el dichoso "Juanito", andaría por las rodillas, o a lo mejor tendríamos que andarlo buscando en cada brinco!). La porción final del Pene, la forma el Glande, o "cabeza", que está formada exclusivamente por tejido esponjoso muy vascularizado de la Uretra y termina en el Meato Urinario (que se llama así porque, me-a-tò), está cubierta por una fina y sensitiva membrana mucosa, con glándulas sebáceas especiales (Glándulas de Tyson) y por un repliegue de piel peniana que se denomina Prepucio. (A qué Doccis!, ¡Cómo sabes tanto del Pene, se me hace que lo copiaste, o que a lo mejor anduviste por ahí con una lupa husmeando! Lo copié, lo copié, lo juro!).

"¡Sacre Bleu!". Falta lo más importante; Los Testículos, por poco se me olvidan!. (No la friegues Doccis, un día se te va olvidar para que sirven!).

Bueno, son dos, nombres no les faltan, son preciosos, además representan el "Orgullo de la Familia". Pequeños pedacitos de eternidad. Vienen de muy lejos, embriológicamente hablando, proceden de la región lumbar fetal en el Órgano de Wolff, que es el Riñón primitivo y están adosados al Epidídimo, grueso conducto que los cubre a la manera de casco, que conduce los vasos y conductos deferentes, que finalizan en la Próstata. Los Testículos inician su descenso en la 12ª o 14ª Semana intrauterina, manejados por tejido migratorio especializado, denominado "Gobernáculo", que los conduce fielmente hacia los conductos inguinales y los deposita en el escroto al final de la gestación, y al mismo tiempo cierra el orifico inguinal. A veces la migración testicular es incompleta y uno o ambos testículos no descienden totalmente, esto se denomina "Criptorquidia" y puede ser causa de infertilidad. Por supuesto, si no cierra adecuadamente el conducto, resulta Hernia Inguinal de varios tipos. Los Testículos, de forma ovoidea (por eso en México los llamamos "huevos"), de aproximadamente 5 cm largo y 3 de ancho, están cubiertos por una membrana serosa, la membrana "Vaginal", que los rodea por dentro y cubre las paredes internas del Escroto, de modo que cuando se inflama o traumatiza puede formar "Hidrocele", que no es más que colección de líquido escrotal. El Escroto o "Bolsas" está formado por piel muy fuerte y fina, que tiene abundantes fibras musculares internas, el Dartos, y el músculo Cremaster, que los retrae arrugando la piel escrotal, por estímulos como; frío, alarma, o estímulo sexual, el "Reflejo Cremasteriano".

Los Testículos cubiertos por la membrana albugínea, reciben en el Epidídimo, el pedículo vascular, arterias, venas y linfáticos, junto con los conductos deferentes seminales, los que se conectan con el tejido testicular mediante su núcleo central llamado Cuerpo de Highmoro, del que nacen numerosos canalículos denominados Tubos Seminíferos, los cuales están tapizados de células glandulares productoras de los Espermatocitos o Células

Germinativas Masculinas Humanas (yo me quito el sombrero!). Además, como si fuera poco, los testes también producen, en sus células intersticiales, las famosas y apreciadas Células de Leyding, la hormona masculinizante; la Testosterona, a la que se le atribuyen las cualidades y defectos varoniles, y ha sido culpada de conductas violentas, agresivas, valerosas, astutas, nobles y generosas a lo largo de la Historia del Hombre.

La Disfunción Sexual Masculina (eufemismo para hablar de "Impotencia"), es un problema, que puede presentarse a cualquier edad, pero es muy común en la senectud (Qué padre, nos salvamos!). Vale la pena reconocer que "Todo por servir se acaba", pero la noción popular de que cada varón tiene un número fijo determinado de cópulas en su vida, es claramente un mito. Muchas personas piensan que cuando las canas alcancen a ésta noble región, es momento de "colgar los tennis", no hay tal! Las canas salen de "ganas".

Lo que sucede es que la Erección Peniana, es un fenómeno complicado, que tiene factores psicogénicos, hormonales y neurovasculares complejos. Requiere la presencia de vasculatura arterio-venosa pudenda sana. La Aterosclerosis y la Diabetes Mellitas, frecuentísimamente están en la raíz del problema. Las venas y sobre todo los sinusoides de los Cuerpos Cavernosos, indispensables por su capacidad de contraerse en la raíz del Pene y provocar distensión de los mismos, son absolutamente indispensables. La innervación de todo el aparato genital masculino, tanto parasimpática, simpatética y somática (nervios raquídeos, debe estar intacta, ya que los estímulos tanto psíquicos; corticales, Talámicos, Hipotalámicos y Rinenceféalicos(bulbo-olfatorio), así como los nervios sensorios y motores sacrolumbares (nervios pudendos), deben estar funcionales. La contracción de los músculos Isquiocavernosos, Perineales y Bulbocavernosos son indispensables tanto para la erección, como para la Eyaculación. Asimismo, el nivel de neurotransmisores como Acetilcolina y hormonas androgénicas, como la Testosterona y la Prolactina (su inhibidor), deben estar armonizadas en todos los órganos eréctiles, el intercambio iónico y de nutrientes através de éstas estructuras es vital. Y por supuesto debe existir un estímulo y balance neuropsicológico que desencadene la presencia de Líbido (deseo sexual). En todas estas funciones juega un papel predominante la presencia de radicales de Óxido Nítrico y sus derivados. De ahí la maravillosa acción de las substancias que estimulan su producción, como el Sildenafil y análogos (Viagra), que han resultado un notable avance médico que mucho a beneficiado a los varones, que sienten (malamente) que "ya no sirven"

Unas palabras finales, para ofrecer Mi opinión acerca de la Homosexualidad Masculina:

Es obvio que los órganos y toda la función sexual, está diseñada para la Reproducción ¿No es así? Tiene además funciones psicogénicas y cargas emocionales muy poderosas, así como culturales también. Sin embargo, no podemos obviar que el diseño de toda ésa anatomía genital y su funcionamiento, está gobernada por el poderoso Instinto de la Conservación de la Especie, a través del también poderosísimo Instinto y Reacción Sexual. El Placer Sexual deriva de todo esto y también obviamente, está diseñado para que la pareja humana tenga suficiente estímulo para dedicarse a esta noble actividad, de otra manera, quizás, o más bien, seguramente ¡no existiríamos en el planeta! Sin embargo el Placer no es todo, ni siquiera lo más importante, es simplemente su estímulo.

Hoy día y desde hace tiempo, se ha glorificado el placer como la razón fundamental de la actividad sexual, y esto me parece, es confundir la herramienta con las estructuras de la vida., como ¡confundir el pincel con el cuadro! Ahora, las desviaciones del Instinto Sexual, o sea la atracción y la Líbido, enfocada hacia personas de idéntico sexo, son un contrasentido a las normas biológicas naturales. Podríamos decir que: "Todo es cuestión de gustos o preferencias sexuales". Sin embargo, no estamos hablando de cuestiones estéticas o artísticas (que son puramente subjetivas) "A mi me gusta el rojo y a tí el azul", o "Yo prefiero de vainilla y tú de chocolate". De igual manera que por ejemplo el Hígado no puede decidir si fabrica proteínas, o mejor decide dedicarse a respirar o a procrear.

De modo que no hay escape. La Homosexualidad es claramente una desviación del Instinto Sexual y por lo tanto, es Morbo! (Enfermedad).

De no ser así, díganme porqué, el Ano y el Recto no están diseñados para recibir al Pene erecto, su mucosa es muy diferente a la de la Vagina,(¡Por Dios!), la boca, la "orejita" tampoco. Su inervación, no tiene diseñados receptores erotógenos (excepto cuando hay psicopatología). Y sobretodo; ¡No conducen a ningún tipo de fertilización! Y sí a muchos tipos de enfermedad. Tampoco son capaces por si solos producir Orgasmo, excepto por supuesto cuando han sido defenestrados y viciados en su función natural. Tampoco es verdad que el masaje prostático intenso produzca placer sexual y orgasmo! Y así podemos continuar con otras aberraciones del Instinto Sexual y el Placer Sexual, cuando este se encuentra desviado por las razones que sea. Existen muchos ejemplos de desviación anormal de diferentes funciones mentales y físicas; como apetitos anormales por substancias dañinas (como drogas o excremento!), Alcoholismo, Anorexia Nervosa, etc. Así vemos desviaciones del Instinto Sexual como Sado-Masoquismo, Necrofilia, Pederastia, Bestialismo y otras.

Por lo tanto, es increíble que la Opinión Pública haya tácitamente aceptado que la Homosexualidad, es simplemente una cuestión alternativa de "Preferencias Sexuales". No niego el derecho de una persona de hacer de su vida lo que le dé la gana, inclusive yo sostengo el derecho de una persona en sana función mental de quitarse la vida, si lo considera la mejor opción. Pero no puedo aceptar que se considere "normal" una desviación de ésa naturaleza, simplemente porque la Asociación Psiquiátrica Americana (la que probablemente está repleta de Homosexuales), así lo ha determinado. Tampoco simplemente porque existe un número cada vez más creciente de personas con estas desviaciones. Sería como decir que; porque como hay muchos "tuertos" (faltos de un ojo), lo normal es serlo.

Algunas bien intencionadas personas, podrían opinar que mi posición al respecto es claramente "Homofóbica". Sin embargo no es así, ya que yó no "odio" ni tengo fobia hacia los Hombres, tampoco soy "Homosexualofóbico" que es lo que el término en realidad implica. Yo como médico (y como ser humano), no odio ni discrimino a los Enfermos, aborrezco la Enfermedad, la desviación del Orden Natural y a sus consecuencias.

SAYONARA..."Puesto, que así ha de ser", (Adiós, en japonés).

17. SISTEMA MÚSCULO ESQUELÉTICO (LOCOMOTOR)

"Y Aquiles, el de los pies veloces, furioso, se abalanzó a matar a Héctor, pero Apolo elevó al Priamida y envolvióle en una densa nube. El Pelida exclamó; "¡perro, una vez más escapas a la muerte, aunque te ha salvado Febo Apolo. Ahora perseguiré a los demás troyanos!"; En seguida hirió en la garganta a Diops, luego alcanzó con su lanza en la rodilla al corpulento Démoco Filetórida y con su fuerte espada arrebatóle el alma. Luego derribó de su carro a Laogono y a Dárdano, de una lanzada a uno y de un mandoble a otro. A Troos Alastórida lo alcanzó con la espada en el hígado y la negra sangre salió de su cuerpo. Aquiles alcanzó a Mulio, atavesándole el cráneo de oreja a oreja. Luego hirió a Deucalión en los nervios del codo y de un mandoble le cortó la cabeza que cayó con el casco, de las vértebras escapóse la médula y el tronco se desplomó en el suelo. Cual vasto incendio que chirría en la árida montaña, cuando el viento transporta la llama abrasadora, así corría Aquiles semejante a un Dios, dando muerte a cuantos perseguía y la negra tierra se empapaba en sangre".
(Rapsodia XX- La Iliada. Homero).

¿Qué tal? Parece que estamos presenciando una película moderna de "acción", nada más falta la inevitable persecución automovilística, con los carros saltando e incendiándose, No? La violencia es tan humana que da tristeza.

Pero todo esto se lo debemos a nuestro aparato locomotor, somos animales y estamos dotados de "animación"(o animalidad?), estamos dotados de energía cinética. Dicen que el hombre soltero "Es un animal incompleto, pero el hombre casado, ¡Es un perfecto animal!". A diferencia de los vegetales (no me refiero a nosotros los"Betabeles"), podemos y debemos movernos para solventar nuestras funciones vitales. Esto al parecer tan sencillo, a veces se nos olvida y nos volvemos pasivos y nos da flojera movernos. Y luego nos sorprendemos de que nos estamos envejeciendo y… ¡Nó podemos movernos!

En esto, como casi todo en Biología y claramente en el Cuerpo Humano; la función hace al órgano, o sea que evolutivamente la necesidad de algo propicia el desarrollo del tejido u órgano destinado a cumplir tal función, y la inversa, la inmovilidad o el reposo prolongado, causa Atrofia y degeneración.

Nuestro Aparato Locomotor, consta de: Tejido Óseo o esqueleto, que en el caso de los vertebrados como nosotros, es interno (a diferencia de los Artrópodos), Tejido Muscular, de dos tipos; Liso y Estriado, Tejido Articular o Cartilaginoso, y nuestro famosísimo y super-evolucionado Tejido Neural, también de dos tipos; Central y Autónomo.

El esqueleto óseo, no requiere presentación ni descripción, todo el mundo lo conoce, con excepción de "Rodolfo Gelatino"y algunos "Pulpos" conocidos.(así le decíamos a un prángana compañero en la Facultad; "El Pulpo". Una vez que una compañerita curiosa le preguntó que porqué tal apodo, pronto lo averiguó (tenía 8 "tentáculos").

El esqueleto óseo humano proviene del Ectodermo embrionario, y es de origen conjuntivo o membranoso, que hacia el final del embarazo se convierte en cartílago y poco después se va "osificando" paulatinamente desde el centro a la periferia. En la edad adulta consta de 208 huesos,(hasta la última vez que los conté). -Cuentan que una vez en la clase de Biología la maestra les preguntó a los niños, precisamente eso; "¿Cuántos huesos tiene el hombre?". Silencio en el salón. Pero Pepito levanta la mano decidido;"Yo maestra; ¡Tiene dos, dos!".

¿Cómo Pepito, cómo que dos huesos?" Replica ella molesta. Pepito, confundido, contesta aturrullado; "¡Oh bueno… hueesos!"-.

Bueno 200 y feria de huesos, sin contar algunos sesamoideos y supernumerarios, en el niño son más, que luego se unen, y en el anciano al revés, se pueden fusionar. Son en promedio 87 huesos pares; Parietales, Temporales, Malares, Etmoidales, 4 del Oído, Mandibulares, Clavículas, 12

Costillas, Omoplatos, Húmeros, Cúbitos, Radios, 8 del Carpo (Muñeca), 5 del Metacarpo (palma), 14 de las Falanges (dedos), Ilíacos, Fémures, Rótulas, Tibias, Peronés, 2 el tobillo, y 19 del pié. Y 34 impares o mediales: Frontal, Occipital, Esfenoidal, Maxilar, Hioides, Esternón, 24 Vértebras y el Coxis. Si se me pasó alguno, sorry, "La culpa la tiene Río", aunque algunos (muy pelados), aseguran que el Pene tiene o tuvo hueso, (no se porqué) y también algunos legisladores mexicanos ("hueso").

El tejido óseo, es pues la superestructura del ser humano, pero no crean que es tan sólo estructura sólida e inerte. Dos tipos fundamentales de huesos; los"planos"como el cráneo (¿el cráneo? Lo tendrás plano tú Doccis, "cabetza cua-dra-ta"! dice el Yucateco), el Omoplato, los Ilíacos. Y los huesos "largos", como el Fémur, Húmero, Clavícula, etc.

Los huesos crecen y se desarrollan a partir de los Fibroblastos cartilaginosos embrionarios, que son células muy activas que producen la substancia básica, la Osteína, una proteína característica de las células óseas, los Osteocitos que crecen en capas sucesivas de adentro hacia fuera, laminándolo y dejando en sus intersticios, ductos nutricios, los Conductos de Havers. Pero también crecen longitudinalmente a partir de sus uniones de las Diáfisis (parte medial larga) con las Epífisis (Extremo gordo del hueso), en donde se encuentran los "cartílagos de crecimiento", que continúan el desarrollo longitudinal de los huesos, que tanto nos sorprende cuando los chamacos llegan a la pubertad y la adolescencia.¿Porqué será que los"chicos" de hoy, crecen tanto y tan rápido? Será que estamos "mejorando la raza", o ¿será que los mocosos se quieren apoderar del mundo y hacer desaparecer a nosotros los venerables betabeles? Yo más bien creo que nosotros tenemos la culpa, los alimentamos cada vez mejor (comida "chatarra"?), no`mbre nó, cada vez comen mejor y más cantidad, no tienen idea de lo que comen éstos pequeños monstruos, parecen "Pacmans". Además yo sospecho que les pasa lo que a los vegetales y animales de granja modernos (con el perdón de los animales), ya que existen en la alimentación moderna, numerosas proteínas, vitaminas, complementos, y sí también, hormonas aceleradoras del crecimiento. Como quiera que sea, es casi la regla que los hijos y los nietos casi nos doblen en estatura, parece que les untaron "Estirolina".

El tejido óseo, debe su rigidez y fortaleza a que los osteocitos son muy ávidos de sales minerales, sobretodo Fosfato de Calcio casi 75%, Carbonato de Calcio, Fluoruro de Calcio, Fosfato de Magnesio, y a veces algún otro mineral que se cuela sin ser invitado y que puede causar mucho daño, como el Plomo, Arsénico; Mercurio, Hierro, etc. De modo que hay que tener mucho cuidado con lo que comen, beben y respiran nuestros adorados mocosos. En todo esto intervienen muchos mecanismos metabólicos, entre los que sobresale la actividad de la Hormona del Crecimiento, Androsterona, Estrógeno, Alendronato sódico, Calcitonina, y la Vitamina D alfa-Tocoferol. Así como la radiación ultravioleta del sol.

Los huesos tienen una capa externa conjuntiva que los protege y nutre através de numerosos vasos sanguíneos y linfáticos, el Periostio, que los cubre, protege y además estimula la actividad osteblástica (células de crecimiento) que es el mecanismo con que el hueso consolida fracturas y lesiones diversas. Por cierto esta actividad regeneradora del hueso, es un claro ejemplo de la capacidad de los tejidos de adaptarse a la función que se les requiera, de hecho las presiones, estiramientos y traumas a las que son sujetos, pueden quedar impresos por cientos o miles de años y forman parte de la Historia del Hombre, como atestiguan innumerables huesos fosilizados de animales de todo tipo.

Así pues, los huesos están vivos (y coleando), además ¡están huecos!, en su interior tienen innumerables trabéculas esponjosas, en donde están los Osteocitos, la Osteína o proteína fundamental, los Osteoblastos, células constructoras y los Osteoclastos, que son células que destruyen el hueso y así regenerar el hueso que ya no es útil. Además, como si fuera poco, tienen el centro hueco donde se encuentra la Médula Ósea o "roja" que contiene los elementos formadores de la sangre; los Eritroblastos, así como células embrionarias, Células Madre o del "Tallo", que son la maravilla del crecimiento celular y que tienen la propiedad de regenerar casi cualquier tejido. ¿Qué les parece? medio maravillosón el hueso, ¿No?

El Tejido Articular; todas las coyunturas, uniones, ligamentos, cápsulas, cojinetes, discos o amortiguadores, son todo un caso, una maravilla de ingeniería y un dolor y problema interminable para nosotros los Betabeles inocentes y desprevenidos. Son prácticamente puro cartílago. Esto no es de despreciarse, como cuando dicen las señoras y los chiquillos remilgosos; "Ay nó, es puro nervio", cuando les invitamos un suculento "bisté".

La osamenta, no está abandonada a su suerte cual pila de huesos. Recuerdo un estimable amigo, maestro y cirujano eminente, el Dr Robert Schmitz, (¡Greetings Bob, wherever you are!), que en una ocasión (una cena de gala con múltiples personalidades), separado de su esposa (al otro extremo de la mesa), al verla triste, le gritó: "¡Hey! Lov`you old bag-o-bones!"Aparentemente un insulto, pero a la Dama se le iluminó el rostro con una sonrisa y se transformó en la chica enamorada otra vez (ellos mayores de 70 años sin duda).

De nada servirían los huesos, como rígida estructura, incapaz de movimiento, sin esas benditas articulaciones. Esto se lo debemos a una substancia genial; El Tejido Conjuntivo y Cartílaginoso. Ambos tiene origen mesenqimatoso (ectodérmico), que consiste en células elongadas inmersas en tejido fibroso, (Fibroblastos) substancia colágena semirígida, los Condrocitos (el verdadero cartílago) y fibras largas de Queratina sumamente duras e inextensibles. Estas substancias forman parte de las uniones entre las extremidades de los huesos permiten la cinética articular y la gran movilidad del cuerpo humano.

Pero no siempre fue así, en la vida embrionaria, los huesos están todos formados por cartílago fibroblástico, y se van osificando paulatinamente al madurar el feto, (Qué bueno que no lo hacen antes, si no, nuestras mamás, lo pensarían dos veces antes de embarazarse). Esto me recuerda la ocasión aquella en que junto a un gallinero mexicano se instaló una moderna granja avícola gringa. Los chiquillos americanos jugando fut-bol patearon su ovoideo "balón", el cual cayó en el corral mexicano. Las gallinas mexicanas corrieron alarmadas y el gallo salió a investigar, examinó al huevo y llamó estentóreamente a las gallinas; "Vean, miren, aprendan ¡A esto le llamo yo un huevo!". Las gallinas asombradas, rodearon al portento, pero una gallinita, se acercó escéptica y preguntó: "Sr. Gallo, y ¿cuánto vale esta "cosa"? El gallo pavoneándose, le replica; "A pesar de su gran tamaño y superior calidad, sólo cuesta 2 pesos!". La gallinita, levantó una cresta y desdeñosamente contestó: ¿2 pesos?...señor gallo, Por 2 duros ¡yo nó me rompo el culo!"...

Entre los huesos del cráneo, existen junturas cartilaginosas que venturosamente se osifican en los primeros meses de vida extrauterina. Todas la articulaciones tienen cartílago cubriendo la superficie de las sínfisis (extremos boludos) óseas, es el cartílago hialino, muy duro y resbaloso ya que está cubierto de una delgado y duro endotelio de alto impacto; la membrana serosa Sinovial, misma que produce el indispensable líquido lubricante maravilloso, de alta viscosidad y fluidez (que sería la envidia de cualquier compañía de lubricantes), mediante la cual el desgaste y la motilidad de las superficies articulares pueden estar sujetas a stress mecánico increíble por muchos años, con desgaste mínimo, provisto que las utilicemos debidamente y no las sometamos a traumatismos o desgaste superiores a su tolerancia, y puedan estar libres de procesos inflamatorios (que son su principal enemigo). La Membrana Sinovial cubre interna y completamente la articulación, formando una cavidad denominada Cápsula Articular, suficientemente laxa y elástica para seguir todo el rango de movilidad diseñada. Algunas articulaciones también tienen cartílago entre las superficies de rodamiento y fricción, que sirven de amortiguamiento, sobretodo las que cargan una gran parte de la masa corporal, como son los discos intervertebrales, las rodillas y caderas, son los "Meniscos" intraarticulares. También tienen ligamentos que las unen por encima de la cápsula y no permiten su separación más allá de su rango móvil, los ligamentos son sumamente fuertes e inextensibles formados por tejido fibroso de alta resistencia, no obstante pueden desagarrase cuando son sometidos a movimientos excesivamente bruscos o por encima de su rango (Esguinces), sin embargo tienen la capacidad de regenerarse, si se les deja en reposo tiempo suficiente y no están demasiado separados. Algunos ligamentos sin embargo son intraarticulares y mantienen el contacto entre las superficies como los "Ligamentos Cruzados" de la rodilla y el "Ligamento Redondo" de la cadera, que además lleva nutrición vascular a la cabeza del Fémur, esta disposición de la cadera, es de gran interés porque puede suceder que le Luxación de la Cabeza del Fémur en la Fosa Ilíaca (su lugar de inserción), desgarre o desprenda este vital ligamento, con la consecuente necrosis o muerte de la cabeza del Fémur, provocando la disfunción severa de tal articulación y la necesidad de reemplazar la cabeza femoral con Prótesis mecánica. Esta patología por desgracia es muy común y suele presentarse con una caída o resbalón al parecer insignificante, que fractura el cuello de la cabeza del Fémur, en nosotros inermes Betabeles, pero también puede presentarse a cualquier edad con la simple luxación, como a veces sucede en los accidentes automovilísticos, al pasajero en posición de "copiloto" cuando va cruzando las rodillas y una de éstas impacta en el tablero del auto, dislocando la cadera y desprendiendo el Ligamento Redondo, (¡Aaay!).

Todas las articulaciones están sujetas por tendones, que son prolongaciones de los músculos que las mueven, los cuales tienen su inserción en el hueso opuesto, para efectuar los movimientos de flexión, rotación y flexibilidad que necesitamos. Lo dije y lo repito; la Biomecánica del movimiento articular humana es una soberana maravilla, pero en donde Diosito de veras, se aventó un "Diez" (con mención), es en la movilidad de la mano, es tan increíble y maravillosa que asombra, gracias a ella, el hombre ha sido capaz de la evolución y desarrollo fenomenales que nos parece tan natural hoy día: ¡Lo que hemos logrado con las manos! Deberíamos caer de rodillas con las manos abiertas hacia arriba, en gratitud!

Mencionaré solamente dos "Artics" más (lo siento, son demasiadas), la más importante es: La Columna Vertebral o "Raquis"; Consta de la unión de 24 Vértebras; 5 Cervicales (cuello), 12 Dorsales (tórax), 5 Lumbares (cintura), 1 Sacro (nalgas, 5 unidas) y 3 Coccígeas (colita ¡Ay que mona!). Todos los cuerpos vertebrales son diferentes, de acuerdo a su función, pero tienen características comunes; todas son cilíndricas achatadas, tienen diversas prolongaciones laterales y posteriores, denominadas "Espinas" que las articulan en su cara posterior (excepto el Sacro)

La Columna Vertebral aloja en su interior a la Médula Espinal, delicado e importantísimo tejido neural, que proporciona inervación a todo el Cuerpo, con excepción de la Cabeza, es decir a todos los nervios sensitivos y motores del cuerpo!. De modo que cualquier lesión medular que la inflame, comprima o lastime, es capaz de producir Parálisis Motora y pérdida de la Sensibilidad, a partir del segmento traumatizado. Además, las raíces de los nervios espinales, pueden ser objeto de compresión o lastimadura traumatica, por desviaciones o por procesos inflamatorios paravertebrales y producir parálisis, paresias (debilidad), o dolor que se refiere a la raíz afectada, como sucede con la tan común "Ciática", o daño al nervio Ciático que inerva la parte posterior de la pierna, y duele atrás de la nalga.

Dos puntos de esta importante articulación deben mencionarse, ya que son los de mayor movilidad, stress y potencial patológico; La Lumbosacra (parte baja de la cintura), que es sumamente fuerte, pero que soporta una gran tensión y desgaste, por lo que a todos nos duele y es causa de numerosos problemas, que pueden conducir hasta la paralísis (horror, silla de ruedas aquí t`oy). Y la Articulación del Cuello con la Cabeza, por su complejidad y potencialidad patológica: El Cráneo se articula mediante el hueso Occipital, con la Columna Vertebral en sus dos primeras vértebras; el Atlas y el Axis, forman una unión extraordinariamente compleja y delicada, ya que la movilidad de la cabeza es muy importante y la integridad de la Médula que atraviesa esta región es absolutamente esencial para la vida. Las lesiones de esta articulación (Luxación, Subluxación, Esguince o Fractura), pueden ser causa de: Muerte Súbita ("descabello"), o en el mejor de los casos Cuadriplegia por sección medular cervical, o sea Parálisis total y permanente de la cabeza hacia abajo! (¡Qué les parece, hórrido, no?).

Las vértebras están articuladas fina y preciosamente, envueltas en verdaderos "estuches" fibrosos muy resistentes y multitud de ligamentos, tendones y músculos paravertebrales, que le permiten acción y movilidad increíblemente compleja y bella (en las mujeres, nada más vean a "Shakira", shaking, para darse cuenta de lo que estoy diciendo). Además entre cada cuerpo vertebral existen los famosos "Discos Intervertebrales", que son estructuras de adosamiento y amortiguación extraordinarias, consisten en un anillo fibroso muy duro que encierra un núcleo semigelatinoso de colágeno, Desgraciadamente éste anillo se puede romper o desgarrar, y así parte del núcleo del disco puede salir (herniarse) y comprimir una o más raíces nerviosas, con el consiguiente problema sumamente doloroso, lo que a veces amerita cirugía. Afortunadamente en la actualidad existen numerosas técnicas semiinvasivas (con endoscopios e instrumentos especiales), que son un notable avance en el manejo de estos padecimientos tan penosos como peligrosos.

El problema mayor para nosotros los Betabeles, sin embargo, estriba en la degeneración y fragilidad concomitante a la Osteoporosis de la Columna Vertebral. Consideremos que la arquitectura actual del cuerpo humano, con su estación bípeda (nada de; dos borracheras!), quiero decir; "en dos patas"para que me entiendan los puristas de la lengua. No siempre fué así, porque en la evolución natural del homínido, muy probablemente andábamos y nos movíamos en "cuatro patas" (nada que ver con las "Lavadoras de dos patas", que modernamente substituyó nuestro admirado Presidente Fox). Pero al ponernos de pié (bipedestación), sucedió que la columna vertebral, que es el eje principal y único de nuestra estructura, quedó en la parte posterior del cuerpo, con la mayoría del peso delante de él , y nuestro centro de gravedad, por delante de los pies. Por lo que para que se mantenga la postura erecta, los músculos posteriores de la columna, deben crecer y ejercer una fuerza considerable para que la columna no se doble hacia delante, esto lo logra incurvándose, produciendo una concavidad posterior lumbar y una convexidad en la región Cérvico-dorsal, esto produce un stress crónico de dichos músculos; lumbares, dorsales, paravertebrales y trapecios, los cuales entran en fatiga, a veces contractura dolorosa y nos atormentan casi sin excepción. Esto se acentúa cuando hay sobrepeso, y es típico de las señoras embarazadas, (es su principal queja; "Ay Doctor, Se me parte la espalda!").

A nosotros los Bets nos pasa lo mismo, con el agravante de que la Osteoporosis desmineraliza (pierde Calcio) y pierde Osteína, (proteína), la actividad osteoclástica (destructora), es mayor que la osteoblástica y se pierde masa ósea, el hueso se torna poroso, y frágil. Los cuerpos vertebrales se achatan o deforman, más en los puntos de mayor stress, la columna se deforma, pierde estabilidad y fuerza, de ahí que los viejitos seamos encorvados y panzones. Para acabarla de "Hoder". Los procesos inflamatorios articulares que pueden ocurrir a toda edad, son más frecuentes en la nuestra. Existen cuando menos 50 enfermedades articulares que aquejan a la especie humana, algunas de origen genético, otras de origen inflamatorio-inmunológico, otras por sobreuso, o aún traumáticas, infecciosas, etc. Me referiré tan sólo a la más común en la Senectud, la Osteoartritis-Hipertrófica-Deformante. Claramente ligada a la edad; Desgasta, deforma, disfunciona y duele como la fregada, ataca todo tipo de articulaciones, se nota sobretodo en las manos, pero está en todos lados y es nuestro némesis. Dicen (los que saben), que la edad del hombre es la de sus arterias. Será, pero yo creo que más bien está en el cerebro y se nota en sus articulaciones.

¿Qué hacer al respecto? Muy poco, pero ayuda inmensamente llevar una vida sana, activa, alimentación saludable (nada de sobrepeso!), y muy importante; El Ejercicio Físico como parte de la rutina diaria. ¿Antinflamatorios? Sí, pero con prudencia y bajo control médico

La otra articulación que quiero mencionar, es una obsesión personal: La maravillosa "Rodilla Femenina". Todos los hombres somos ávidos observadores de la anatomía femenina. Sin duda, excepciones las hay, (de que los hay, los hay). Pero yo debo confesar que soy un claro;"Knee-Man". Y no es por nada; pero, ¿han observado que las rodillas femeninas, son "sinceras"?, son auténticas, tienen vida y personalidad propias! No conozco quien se las maquille, depile, tiña, haga cirugía estética, sobe o perfume. Las hay sonrientes (hoyuelos), picudas (huesosas), agresivas, coquetonas, (sobretodo al caminar), incitantes (al cruzarlas), desafiantes (hombrunas), valientes, decididas, sensuales (redondeadas) y deliciosas. Y no hablar de la parte posterior todavía más atractiva; los "huecos poplíteos", son bellísimos, lástima que cuando los vemos, es porque su dueña, ¡Se está alejando! A tanto ha llegado esto, que en épocas pretéritas, junto con un estimadísimo e iluminado amigo (Pepe Uribe el mejor Tec-Hemodinámica que existe), diseñamos el famoso e internacional "Piernograma"(Trade-Mark), con el objeto de emitir calificaciones científicas a nuestras minuciosas observaciones y legarlas a la posteridad.(no somos egoístas), algún día, con más tiempo, si lo desean se los puedo exponer aunque sea someramente.

El Tejido Muscular, es otro boleto, de ninguna manera lo despreciamos, lo que es más, es notablemente superlativo y absolutamente indispensable para la vida. Con sólo decir que constituye casi la mitad del peso corporal de un hombre adulto (no me refiero a los "Schwarzneggers" que hay por ahí dando lástima). Existen dos tipos principales de músculo; El Liso o visceral, que existe y forma parte de una gran cantidad de actividades esenciales; Digestión, Vasoactividad, Urinación, Copulación, y multitud de reflejos vitales. Sus fibras elongadas, multinucleadas y delgadas, son increíblemente fuertes y resistentes, son inervadas por el Sistema Autónomo.(Simpático-Parasimpático). Y el Músculo Estriado (o rojo), consistente de fibras gruesas, con abundantes estrías transversales, de acción rápida o lenta pero de acortamiento vigoroso. El músculo estriado además tiene la peculiaridad de tener fibras rápidas (picnóticas), muy fuertes y también fibras (miocitos) de contracción más lenta y de de gran resistencia. De ahí la diferente aptitud atlética.

Existen aproximadamente 500 músculos o grupos musculares que al insertarse en los huesos, articulaciones y tejidos, nos proporcionan movilidad. Todos son voluntarios y son estimulados por nervios que son activados por diferentes regiones cerebrales. Las únicas excepciones son; El Miocardio, maravillosa pieza de ingeniería, infatigable, El Diafragma, el músculo fundamental de la respiración, y los músculos del oído medio, todos estos a pesar de ser estriados, no son voluntarios. Todo el Sistema Muscular es portentoso, su coordinación y actividad sincronizada y armónica, es absolutamente asombrosa y tienen la grandiosa peculiaridad, de ser entrenables, o sea que pueden adiestrarse para realizar las más complejas tareas, también pueden hipertrofiarse (crecer) mediante estímulos repetidos y mediante los procesos anabólicos (aumento de proteínas, con balance nitrogenado positivo), que son mediados por hormonas, fundamentalmente Testosterona, Hormona del Crecimiento, Anabólicos y otras. Y claro mediante el entrenamiento atlético específico.

También, lo opuesto puede suceder; El reposo prolongado, disminuye la masa muscular. Los músculos se adelgazan y debilitan con la inactividad, en ocasiones se atrofian severamente y se tornan inútiles, como sucede en los casos de Parálisis Motora o Daño Cerebral. De modo que, de ninguna manera hagamos de la inactividad física una forma de vida; Todo lo que nos dio Dios y la Naturaleza, es para usarse, somos movibles ¡la vida moderna y la tecnología actual, nos está atrofiando! ¡Nó lo permitamos, a mover el bote Betabeles! ("Walk, Dance, and Run For Your Life").

El Tejido Muscular, tiene pocas enfermedades intrínsecas (afortunadamente), pero hay algunas que pueden hacernos la vida miserable y desear estar muertos. El Envejecimiento, obviamente los desgasta, disminuye su masa total y la eficiencia de su contracción. Las fibras musculares muertas o dañadas por radicales y oxidantes, se regeneran a una tasa menor cada vez y son a veces sólo reemplazadas por tejido fibroso inútil (viejo correoso). Sin embargo; "gallina vieja hace buen caldo" y "gallo viejo impone respeto", dicen.

Bien, pero surge la pregunta; ¿Cuál es el músculo más hermoso? Bueno no me pregunten a mí., pero asumiendo que se trata del músculo femenino, les diré que a pesar de múltiples opiniones y sondeos entre mis congéneres, que parecen inclinarse hacia las bellas Pompis (Glúteos) femeninas y habrá quien prefiera músculos pélvicos escondidos (y ahí si me rindo) yo opino que los músculos del cuello femenino (sobretodo la nuca); Los Cervicales, Esternocleidomastoideos, Trapecios, Escalenos y Músculo-cutáneos son los más estéticos y atractivos, lástima que muchas veces no los muestran, pero; ¿Han observado a una mujer cepillarse el cabello ladeando la cabeza de un lado a otro? Porque Pompis hay, van y vienen, por todos lados, saltan a la vista, de todas formas, colores, motilidades, cadencias y armonías, pero cuellos, de veras cuellos, donde?... ¿Ah verdad?...

Arrivedercci ¡bambinos!

18. SISTEMA ENDOCRINOLÓGICO Y METABÓLICO.

"God produces the creatures by His Intellect and Will, hence the perfection of the Universe requires that there should be intellectual creatures. Now intelligence cannot be the action of a body, nor of any corporeal power, for every body is limited to here and now. Hence the perfection of the Universe, requires the existence of incorporeal, intelligent creatures".
"Treatise of Angels". (Q,I; Summa Theologica, Santo Tomas de Aquino)

-"Dios produce las criaturas, mediante Su Intelecto y Voluntad, por lo tanto la perfección del Universo, requiere que deben existir criaturas intelectuales. Ahora la inteligencia no puede ser la acción de un cuerpo o poder corporal, puesto que estos están limitados por el aquí y el ahora. Por lo tanto la perfección del Universo, requiere de la existencia de criaturas incorpóreas inteligentes"-. (Tratado de los Ángeles. Sto. Tomas de Aquino).

Como para pensar estas viejas reflexiones del Santo de Roccasecca (Nápoles 1225-1274, Conde por nacimiento, Fraile por vocación). Su lúcida mente continúa presente en nuestros días.

Me dirán que qué tienen que ver estas disquisiciones acerca de los Ángeles (no me refiero a las bellas L.A. y nuestra Puebla), con las funciones endocrinológicas. Pero si me lo permiten, sostengo que la función de las hormonas (substancias mensajeras), son adecuadamente semejantes a la función más popularmente atribuida a los Ángeles. Quizás en alguna otra ocasión si me lo permiten, expondré algunas ideas respecto a éste crucial aspecto filosófico-religioso, que me parece tantalizador y fascinante.

El Sistema Endocrinológico, consiste en todos los tejidos glandulares internos del organismo, que tienen por función; regular, estimular y armonizar a la mayoría de las reacciones químicas de nuestro cuerpo, son pues los mensajeros, heraldos (como los ángeles), comunicadores y facilitadores de una gran cantidad de funciones vitales, como son la digestión, el metabolismo, el crecimiento, la procreación, las funciones circulatorias y respiratorias.

De hecho estamos rodeados de glándulas; en la piel, todas las mucosas y serosas, digestivas, respiratorias, etc. En realidad son dos sistemas separados: Las glándulas de secreción externa (afuera de la circulación), e internas (por dentro), lo endocrinológico se refiere fundamentalmente a éstas últimas.

La asombrosa disposición, arquitectura e ingeniería de la maquinaria humana, requiere también un maravilloso sistema de coordinación y control. Esto es necesario porque todas las funciones corporales se basan en reacciones químicas complicadas (como el Universo).

La comunicación entre los diferentes grupos celulares, está mediada en gran medida por los sistemas; nervioso, inmunológico y endocrinológico.

Inicialmente la información se pensaba que era conducida a través de impulsos neuro-eléctricos, o por mediadores químicos en el torrente sanguíneo. Pero ahora está claro que constituyen una red finamente coordinada neuro-hormonal Esto lo llevan a cabo neurotrasnmisores específicos como la Norepinefrina o Acetilcolina. Los impulsos nerviosos también producen substancias estimuladoras, de las diferentes glándulas. Como las que producen Testosterona, Insulina y muchas otras.

La función rectora de las glándulas endocrinas, corresponde a los núcleos basales cerebrales; el Eje Hipotálamo-Hipofisiario, que constituye el sistema rector de las reacciones químico-hormonales. La integración de todas estas funciones también requiere y descansa en los Sistemas Nervioso Central y Autónomo sanos y eficaces.

Está claro pues, que todo el funcionamiento del organismo, está regido y coordinado por el sistema neuroendocrinológico, a la manera de un virtuoso conductor de orquesta sinfónica que se desempeña brillantemente para producir una espléndida armonía.

Todo orden natural requiere liderazgo hábil e inteligente, como dicen que una vez sucedió en la profunda selva africana (cuando África, era de de veras África, no el espantoso "despapaye" que han causado sus habitantes y los colonizadores de antaño): El León, rey de la selva (¡Já! dijo el Elefante). Harto y molesto por el grave desorden y contaminación (daño ecológico) de la selva), Rugió a todo pulmón y convocó a todos los animales; "Compatriotas" (Salinas de Gortari), "Amigos y amigas"(Calderón), ¡No es posible vivir en éste cochinero! O se comportan, o me veré obligado a aplicar "todo del peso de la ley" (¡Ja! Dijeron los cochinitos). Y delimitó con una de sus filosas garras un amplio círculo para que todos los animales se exoneraran, en dicho "relleno sanitario". Y todos por convencimiento o por miedo, pronto "obligaron" tal disposición. Pronto aquello, se convirtió en un ameno centro de comunicación (chismes), interactividad cibernética, socialización, romance, chateo, peleas y entretenimiento. Tanto fue aquello, y tan popular (democrático) se volvió, que fue necesario regular. El sistema burocrático fue encargado a los chimpancés que tomaron la tribuna y como quien dice todo se lo llevó "la changada". Esto pronto creció a magnitudes insuperables y, claro se salió de control. Hasta la fecha, no tiene visos de arreglo. Ese fue el origen histórico de las H. Cámaras Legislativas Mexicanas.

Los tejidos glandulares tienen en común su arquitectura celular en forma de capas celulares (adenocitos) con núcleos muy activos, distribuidas en acinos o racimos, muy vascularizadas, cubiertas por una membrana epitelial común o a veces inmersas en otros tejidos especializados, y así una misma glándula, puede tener varias funciones simultáneas, como sucede con el Páncreas o los Testículos.

Las hormonas (del griego; hormon-urgir, estimular) son substancias proteínicas, formadas por cadenas largas de polipéptidos (aminoácidos, peso molecular entre 20,000 y 40,000) que tienen por función propiciar, estimular, bloquear o acelerar diversas funciones corporales necesarias para la Homeostasis. Son el equivalente de las enzimas o catalizadores que propician o aceleran las reacciones químicas en el Universo. Por ejemplo, para encender fuego, es necesario, que existan; combustible, comburente (frecuentemente el oxígeno) y condiciones o substancias propiciadoras (grado de humedad, viento, temperatura, etc.). En el ser humano se conocen alrededor de 100 hormonas, unas son target-hormones o sea estimuladoras directas de tejidos "blanco" y otras parahormonas que estimulan la producción de hormonas en glándulas distantes. Se distinguen tres tipos fundamentales de hormonas en razón de su estructura y función; Las Peptídicas producidas por genes de ARN mensajero, como la hormona Tiroidea, las Esteroideas, que tienen como base el Colesterol, como las hormonas sexuales, y las Amínicas que tienen como precursor varios aminoácidos precursores de hormonas, así la Tirosina produce Epinefrina. Eso de las hormonas (no confundir con "las hermanas", esas son otras y son sagradas), es como jugar pool o billar, son acciones secuenciales y retardadas con efectos distantes. A propósito; Dicen que un sacerdote católico estaba una vez jugando billar con unas monjitas (nada de foul-play, no sean mal pensados), un billetito de por medio o estampitas quizás. El Padrecito mete la bola blanca en la buchaca (mal, mal) y dice enojado;"Chin… fallé". Las monjitas se ponen rojas, pero juegan bien. Repite el Presbítero y choca las bolas (no las de él), sin éxito, se exaspera dice; "Chingaos… otra vez fallé!". Las monjitas, le dicen; "Padre, somos religiosas, por favor no maldiga". El Curita amohinado, se disculpa y dice: "Lo siento Hermanitas, no vuelve a suceder… si digo otra mala palabra ¡que me fulmine Dios con un rayo!". Las monjitas, se santiguan y sigue el juego. En su turno, el Hombre de Dios rasca el fieltro (chisquea) con el bastón, entonces se jala los pelos diciendo: "¡Chingue a su… otra vez fallé!". De inmediato se oye un trueno rodar y del cielo despejado entra por la ventana un fulgurante rayo engrasado, que incinera a...las Monjitas!... Se escucha una Voz profunda, que dice:"Chin... fallé!", (Nota: esto no tiene "Imprimatur").

Se conocen ocho glándulas de secreción interna, activas en el ser humano adulto: La Neurohipófisis (o Pituitaria), Tiroides, Paratiroides, Páncreas, Adrenales y Gonadales; (Ovarios y Testículos). Las dos últimas son pares.

La Hipófisis es la glándula rectora y recibe estimulación y control de las regiones Hipotálamicas, que la rodean y con las que interactúa constantemente. La Hipófisis está situada en la base del cráneo en una concavidad del hueso Esfenoides denominada "Silla Turca", atrás de la base de la nariz y en inmediato contacto con el Quiasma y nervios Ópticos, el Seno Cavernoso,(vena grande intracraneal), las arterias Carótidas Internas, las venas Maxilar y Oftálmica, los nervios craneales; III, IV y VI, y por debajo de la Silla Turca, con la cavidad aérea del Seno Esfenoidal, comunicado a la Nariz. Digo esto para tratar de explicar lo difícil de su acceso quirúrgico.

La Hipófisis o Pitituaria, es una diminuta y pequeña maravilla, que tiene una importancia enorme en el funcionamiento de prácticamente todos los órganos de la economía humana. Es una estructura piriforme, de pocos milímetros de diámetro, pesa alrededor de 0.8 gm, con un tallo conectado a los núcleos supraópticos del Hipotálamo en la base del cerebro, tiene la circulación sanguínea más abundante del organismo. El Lóbulo Anterior o Adenohipófisis. Produce 6 hormonas mayores y almacena 2 más; Tirotrofina (TSH), que estimula la glándula Tiroides, Adrenocorticotrofina (ACTH) que comanda las Suprarenales. Las hormonas Gonadotropinas Hipofisiarias, (porque también las produce la Placenta) como la Luteinizante (LH), estimula al Ovario, las células de Leydig de los Testículos y la Folículoestimulante (FSH) que produce maduración de los óvulos, la Hormona del Crecimiento-Somatrofina(GH) necesaria para el crecimiento celular y la Prolactina (PRF) que estimula las glándulas mamarias para producir leche. El Lóbulo posterior, tiene relación directa con el Hipotálamo, produce: Vasopresina que ayuda a mantener la Presión Arterial, Oxitocina que estimula las contracciones uterinas en el parto y la Hormona Antidiurética que ayuda a mantener niveles adecuados de agua y sodio por el Riñón, cuando falta o disminuye su producción se presenta la denominada "Diabetes Insípida". Además la Neurohipófisis produce otras hormonas no bien estudiadas; los Péptidos-Opiáceos, como las Neuroendorfinas, que juegan un distintivo rol en el control de las emociones, como la Euforia, el Placer y también el control del Dolor, muchos de éstos efectos, son semejantes a la acción de opiáceos como la morfina, el opio y alcaloides como la cocaína, cannabis y otras drogas neurotrópicas, pero también pueden ser estimuladas beneficiosamente durante el ejercicio Aeróbico y también han sido atribuídas al efecto anestésico-analgésico del Acupunturismo, Homeopatía y efectos placebo de muchas substancias. También el Hipotálamo controla eficazmente muchas funciones metabólicas de gran importancia, como el Apetito, la Sed, la tasa Metabólica, el control de la Temperatura, el Sueño, los Biorritmos (el "Reloj Biológico") y el Estado de la Conciencia. De hecho lesiones o traumas de ésta región pueden producir desde Hipersomnia (sueño exagerado), hasta estado de Coma. Y los estados febriles de casi todas las enfermedades son mediados por el Hipotálamo.

La Hipófisis y el Hipotálamo, pueden trastornar su función por deficiencia o por sobreproducción. Esta última es mucho más frecuente debido a la mayor frecuencia de crecimientos anormales (tumores) en esta zona, los más frecuentes son los adenomas pituitarios, más comúnmente benignos, aunque a veces se desarrollan adenocarcinomas.

Los adenomas hipofisiarios, se caracterizan por sobreproducción hormonal y dependiendo de su naturaleza pueden presentar diversos tipos de patología, Por Ejemplo; La sobreproducción de Somatrofina, producirá, en los jóvenes; Gigantismo (crecimiento acelerado de huesos y tejidos, así como Hipogonadismo (genitales poco desarrollados) y a veces infertilidad, y en personas mayores; Acromegalia, con deformación de la cara, Hirsutismo con crecimiento desmesurado del pelo corporal (¿Hombre-Lobo?, no jueges Doccis!) Hipertensión, Cardiomegalia Diabetes y trastornos vasculares. La sobreproducción de Adrecorticotrofina(ACTH), producirá; Síndrome de Cushing, debido a una mayor producción de Cortisol, con la característica "facies de luna" (cara redonda), giba dorsal, hirsutismo, Hipertensión, debilidad Muscular, Diabetes, Osteoporosis y otras cosas "nice".

El tratamiento de los trastornos Hipofisiarios, por supuesto dependerá de la afectación subyacente y en el caso de tumoraciones (las más frecuentes); La Radioterapia, la Radiación Gamma o con Partículas Subatómicas y también con Cirugía Trans-Esfenoidal o Endoscópica, ofrecen alternativas con tasas curativas o paliativas satisfactorias.

La Glándula Tiroides, es una estructura acinosa, de consistencia firme y suave, en forma de mariposa, adosada a la porción inferior de la Laringe, el cartílago Tiroides. Su origen embrionario es de la bolsa faríngea primitiva y su relación con la lengua, de donde desciende, da a veces origen al molesto Quiste Glosofaríngeo, pero a veces esta formación es activa y puede constituír el único tejido tiroideo funcional. El Tiroides mide aproximadamente 5 cm de ancho y 3 de altura, es bilobulado a ambos lados de la porción inicial de la Tráquea, a veces se encuentra descendido hacia el Mediastino. Estructuralmente está formado por vesículas pequeñas, interconectadas por ductos y rodeadas de abundantes vasos sanguíneos y linfáticos, y cubierta por una fina y suave membrana. El Tiroides produce la

Hormona Tiroidea, que es una mezcla de varias substancias activas, que tienen al Yodo como elemento fundamental, y así tenemos varios estadios de formación de la Tiroxina; La Monoyodotiroxina (T1),Diyodotiroxina (T2) y Triyodotironina(T3), Tetrayodotironina (T4) que son las más activas.

Las hormonas tiroideas influencian poderosamente el crecimiento y maduración de los tejidos, la respiración celular (procesos oxidativos mitocodriales), los procesos intelectuales, la contracción muscular y el gasto energético total, así como la producción celular de varios substratos esenciales como vitaminas y hormonas varias. Por lo que se conoce como la Hormona fundamental de los procesos metabólicos y la utilización de la energía (El Ministro de Energía del Organismo, nada más ¿Qué les parece?).

El Tiroides, puede disfuncionar por exceso o disminución de su producción hormonal. El Hipotiroidismo (menos), no es raro y a veces es subclínico, o sea que es difícil de detectar. Cuando es severo, puede presentarse en la infancia, y aún antes de nacer. Los pequeños, suelen presentar "Mixedema"(hinchazón generalizada), lengua grande, dificultad para respirar, hipotermia (baja temperatura), y frecuentemente retraso mental (Cretinismo), por lo que se les puede confundir con Síndrome de Down. En la edad madura o en la senectud tampoco es raro y suele presentarse insidosamente; Lentitud al hablar y pensar, poca tolerancia al frío, anorexia, aumento de peso, debilidad muscular, pérdida acentuada de cabello y piel seca y fría. A veces es todo un reto médico, pero su tratamiento con hormona sintética (Proloid), es eficaz. A veces se presenta como Tiroiditis no tóxica de varios tipos, como la Enfermedad de Hashimoto, o a veces Bocio Simple.

Cuando el Tiroides crece y produce exceso de hormona (Hipertiroidismo), el asunto es más complicado, existen muchas variantes, desde Bocio Nodular simple con Tirotoxicosis leve. hasta enfermedad severa (Enfermedad de Graves-Basedow) que amenaza la vida, o aún Cáncer

Tiroideo, a veces nódulos tirotóxicos muy activos. En el Hipertiroidismo, se presentan; Tasa Metabólica acelerada, pérdida de peso, irritabilidad "nerviosismo" exagerado, tremor muscular fino, hiperreflexia tendinosa, piel húmeda y gruesa,. Taquicardia (pulso acelerado), a veces Arritmias severas, Insuficiencia Cardiaca, Hipertensión, Diarrea, y con cierta frecuencia enfermedad ocular con "ojos saltones"(Exoftalmos). El tratamiento de éstos trastornos, dependerá de su severidad, y puede consistir desde simplemente administrar yodo por vía oral (Lugol), o a veces medicamentos antitiroideos enérgicos, Tapazole o Propil-Tiuracilo, ocasionalmente se requiere Iodo131 (radioactivo), o cirugía, con resección total o subtotal.

Adosadas a la glándula Tiroides o en su cercana proximidad, se encuentran dos o más pequeñas glándulas, las Paratiroides, con una importante misión, la de mantener los niveles de Calcio sérico dentro de lo normal. El metabolismo de éste importante mineral, así como el del Magnesio y el Fósforo, son de vital importancia, para casi todas las funciones del organismo, sobre todo en lo referente a la contracción muscular, que está en todas partes. ¡Nada más imagínese al corazón sin poder contraerse! Además todos los sistemas de transporte iónico que se realiza a través de las membranas celulares requieren bombeo o extracción a través de canales de Calcio. Ahora el metabolismo de éste importante elemento, es sumamente complejo e incluye numerosas acciones y reacciones químicas que requieren varias substancias y hormonas como la Calcitonina, y la Vitamina D (alfa-Tocoferol). De modo que la disfunción de estas pequeñas glándulas puede causar "havoc", a cualquier desprevenido mortal. Sin embargo lo más común es la "Tetania"(que nada tiene que ver con otras glándulas más bellas y nutritivas), o sea contracturas y temblores musculares, que pueden ir desde la "risa sardónica" o el "trismus" (contractura de la mandíbula, hasta la producción de piedras en los riñones, glándulas salivales, o en ductos como el pancreático, a veces calcificaciones vasculares y cardiacas indeseables. Pero también podría causar la muerte por arritmia en una crisis paratirotóxica severa. (¡Ay Nanita, que Dios nos coja confesados!)

Las Suprarrenales, son dos glándulas piriformes o en forma de "gorro frigio", situadas por arriba de los Riñones (como cachuchitas a las que todo les vale "gorro"). Estas estructuras producen en su corteza, las hormonas esteroideas, que intervienen en todo (son los metiches más conspicuos del organismo, por así decirlo son el "ajonjolí de todos los moles"). Los Esteroides son moléculas derivadas de lipoproteínas como el Colesterol, que tienen 17,18,19,o 21 átomos de Carbono y de acuerdo con los radicales adosados de las diferentes posiciones de su molécula, tienen efectos, Mineralocorticoides (transporte y utilización de Sodio, Potasio y otros cationes, Glucocorticoides (para la utilización de energía) e Hidroxicorticoesteroides (Cortisol), en el mantenimiento de las funciones cardiovasculares. La Corteza Suprarrenal, produce la importante hormona Aldosterona que actúa en la excresión de sodio y potasio, mantenimiento de el volumen plasmático y presión arterial junto con la Renina-Angiotensina que se produce en los Riñones. También produce; Progesterona, y Androsterona, (Testosterona) así como pequeñas cantidades de Estradiol (Estrógeno), que tienen efectos virilizantes o feminizantes consecuentes.

Estas glándulas, Suprarrenales, también llamadas Adrenales, poseen circulación propia y actúan en sincronía con la Hipófisis, Tiroides, Riñones, y Gónadas. La porción Medular o central, produce fundamentalmente Catecolaminas (Adrenalina y Noradrenalina), que son indispensables en muchas reacciones químico-biológicas del organismo, como son las; cardiovasculares, al mantener presión arterial adecuada y acelerar y estimular el Corazón, el Páncreas y la utilización de las reservas de Glucógeno (almidón hepático y muscular) para la generación de energía en situaciones de stress. Además participa en el mantenimiento del tono vascular (son vasoconstrictoras poderosas), la Reacción de Alarma, Estado de Shock, respuestas alérgicas, inmunológicas, ventilatorias, emocionales, sexuales, antitóxicas, sudoración, salivación, motilidad intestinal y otras indispensables para la vida.

La disfunción de ésta importante glándula, puede ser por disminución o por aumento de su actividad de los distintos estratos, o en su totalidad. Esto puede suceder por destrucción, degeneración o por la presencia de tumoraciones hiperfuncionales (adenomas).

Cuando la Médula Adrenal se daña y no puede funcionar debidamente, se produce; Hipoadrenalismo, o enfermedad de Adisson ("Enfermedad Bronceada" del pasado), en la cual hay gran debilidad, hipotensión arterial, hipoactividad cardiaca, intolerancia al frío, desgaste muscular, demineralización ósea, pobre respuesta inmunológica, hipofunción gonadal, (sexual), pobre utilización del Glicógeno con aumento de la Glucosa sérica, así como alteraciones cutáneas que incluyen hiperpigmentación (tono obscuro de la piel). Esto puede ser consecuencia de infección tuberculosa de la glándula, entre otras causas.

La Hiperfunción (mucha hormona) Medular más común es el Feocromocitoma (bien feo), que suele producir oleadas de Adrenalina, con estímulos mínimos o aún sin ellos, esto puede conducir a crisis adrenérgicas hipertensivas, taquicardias inexplicables, acompañadas de sudoración excesiva, angustia y temblores musculares, que podrían producir inclusive hemorragia cerebral, infartos cerebrales o cardiacos, y a veces Muerte Súbita. Algunos atletas han padecido tal trastorno con resultados fatales.

Cuando la hiperfunción se debe a crecimientos anormales (hiperplasia), o tumores de la Corteza Suprarrenal. Pueden presentarse; Enfermedad de Cushing, con excesivo efecto Corticoesteroide (Cortisol) y

Mineralocorticoide, que puede presentar; Hipertensión Arterial, Osteoporosis, desgaste muscular, debilidad, Hipertricosis (excesivo vello corporal), distribución anormal de la grasa corporal (mucha en el abdomen, y en la región Cérvico-dorsal (giba o joroba) y pobre respuesta a las infecciones. Pero también pueden presentarse Síndromes de Hipogonadismo (atrofia o disminución de las glándulas sexuales)

Cuando esto se presenta temprano en la vida o antes de nacer, pueden presentarse casos de Pseudohermafroditismo, que es la diferenciación anómala de los órganos genitales, Es decir niñas con características sexuales masculinas o viceversa y Síndrome Adiposo-Genital, más frecuente en varones y claro Esterilidad en ambos casos.

¿Complicadito? Lo siento, yo también lo creo enredoso, aunque fascinante. Pero nada como lo que le sucedió a aquel jovenazo (de pequeña estatura), que casó (afortunadamente), con una fornida y exuberante moza de gran calado, En la noche de bodas, se escuchaba (en la obscura alcoba nupcial), anhelantes suspiros, jadeos y demás afanes (que ustedes sin duda ya conocen). Cuando se escuchó al febril novio decir con apasionada vocecita; "Pequeña, ¡Mi vida, por favor; suelta un "purruncito" para orientarme!".

Muy importante también es la función Pancreática en los Islotes Langerhans; La producción y función de la maravillosa Insulina en la utilización de la Glucosa, que es nuestro máximo y mejor combustible, indispensable en la producción y utilización de la energía celular, hablaremos, si me lo permiten, en otra y "Guapachosa" ocasión.

Auf whiedersen…

19. SISTEMA HEMATOLÓGICO E INMUNOLÓGICO

De allí a poco, descubrió Don Quijote un hombre a caballo, que traía en la cabeza una cosa que relumbraba como si fuera de oro. Dijo Don Quijote:"Si no me engaño, hacia nosotros viene uno que trae en la cabeza puesto, el famoso Yelmo de Mambrino, sobre el que yo hice el juramento que sabes". Dicho esto el valeroso manchego, lo enristró con el lanzón, diciendo;"Defiéndete infame criatura, o entrégame de tu voluntad lo que con tanta razón se me debe". El Barbero (que no era otro el caballero), huye despavorido, cayéndose el bacín que traía. Sancho Panza exclama: "Ríome de considerar la gran cabeza que tenía el pagano dueño deste almete, que no semeja sino una bacia de barbero, pintiparada".

Miguel de Cervantes Saavedra.

Este divertido episodio de la aventuras del "Caballero de la Triste Figura"; relata y describe un famoso altercado que condujo a la posesión del maravilloso "Yelmo de Mambrino", distintivo de su figura y hazañas, que no era sino una vasija utilizada por los barberos de la época para Sanar-sangrando a su desapercibidos pacientes y clientes.

La Sangre, no necesita presentación, es omnipresente y omnipotente en la vida del Hombre y casi todas las criaturas. Inclusive los vegetales tienen savia, o sea un líquido vital que los nutre y circula en todas sus partes. La Sangre está llena de tradición, leyenda y misterio, no existe época ni cultura humana alguna que se aparte de su encanto e importancia. Para muchos tiene características mágicas, procreadoras y transmisoras de lo divino y lo profano. Las culturas primitivas la idolatraban y la ofrecían a sus dioses, los aztecas fueron maestros en eso de adorar, beber y ritualizar la sangre. Cuentan los Códices Conquistadores, que la Gran Tenochtitlan apestaba a sangre desde leguas de distancia, (¡Ah Gachupas tan exagerados!, como si no supiéramos de su apetito por la morcilla y butifarra).

Actualmente inclusive, en la Religión Católica, la Sangre de Cristo, se identifica con la Divinidad y tiene poderes redentores. La sangre hoy en día continúa siendo un alimento nutritivo (y delicioso). Algunas tribus africanas se alimentaban exclusivamente de sangre y leche de su ganado, mezclada con algunos granos. Y claro la sangre es alimento a veces único y a veces necesario para la fertilidad de muchos insectos hematófagos, peces, reptiles, y aún mamíferos como los vampiros, (¡Ay Nanita!; Drácula, "Vade-Retro Satanás"!).

Bueno, la Sangre, líquida dentro de los vasos, está diseñada magistralmente para su función de transportar, mezclar, nutrir, purificar, oxigenar, proteger y mantener al organismo funcional y activo. Puede sin embargo producir daño considerable o aún mortal, si se coagula dentro de los vasos o si se trastornan sus capacidades defensivas, como sucede en las reacciones autoinumnes, como las alergias, anafilaxis, reacciones de rechazo o autodestructivas, como en la hemólisis o en las Púrpuras, o en los trastornos proliferativos como las Leucemias, que consisten en crecimiento excesivo y desordenado de los Glóbulos Blancos o Leucocitos.

La Sangre está compuesta en alrededor de 60 %, de agua con sales (cristaloides) y substancias suspendidas o coloidales, es lo que se denomina Plasma Sanguíneo. Se le llama "Sueros" a las soluciones de agua y sales de composición semejante al plasma, a las que por razones terapéuticas se les agrega substancias o sales que el organismo necesita en situaciones especiales, y así el "Suero Fisiológico" no es mas que Agua estéril con Cloruro de Sodio al 8.9 %, lo "fisiológico" consiste en que tiene igual "presión osmótica"(fuerza que equilibra la concentración de las sales a través de las membranas celulares). Curiosamente la sangre tiene un contenido de sal -Cloruro de Sodio-, casi igual a la del agua de mar (recordemos nuestro origen evolutivo marino). El Plasma tiene además de sal, muchos otros elementos inorgánicos, como Potasio, Magnesio, Calcio y otros. Orgánicos como Glucosa, Proteínas (Albúmina), Aminas, Lipoproteínas, Hormonas,

Anticuerpos, Antígenos y muchísimos otros compuestos indispensables para la vida, como gases disueltos, Oxígeno, Nitrógeno, Bióxido de Carbono, así como cuanto gas respiremos de la atmósfera circundante, ¡a querer o no! Por favor señoras y señores fumadores, no sean "perplejos y malhoras"·, no nos compartan su personal y nociva atmósfera! No nos vengan con que: -"Tenemos el Derecho Constitucional de fumar si nos da la gana"-, porque inclusive nuestra anacrónicamente absurda y socialista "Carta Magna", no les confiere derecho alguno de hacerle daño a los demás.

La "masa sanguínea", o "corpuscular", constituye todos los elementos figurados o celulares que viajan suspendidos en el plasma, como los Hematíes "glóbulos rojos", los Leucocitos "glóbulos blancos", Plaquetas Trombocitos, incluye compuestos moleculares grandes como Fibrina, Fibrinógeno y algunos coloides. La relación de La masa corpuscular al plasma sanguíneo, se denomina "Hematocrito" y es de alrededor de 45%, cantidad que por supuesto fluctúa constantemente debido a que la sangre no es un líquido "newtoniano", tiene densidad específica, viscosidad y es una solución y suspensión al mismo tiempo. El Hematocrito es pues función de la dilución de la sangre en los vasos, es el primer signo de Anemia, (o sobrehidratación), se calcula centrifugando el tubito de muestra sanguínea.

El Hemograma completo o "Biometría Hemática", es el examen de Laboratorio más conocido y rutinario, aunque hoy en día se cuestiona su utilidad como rutina. Proporciona información acerca de la calidad de la sangre y también de la presencia de algunas enfermedades, Incluye la medición colorimétrica de la cantidad y calidad de la Hemoglobina de los Hematíes o glóbulos rojos, cifra que es de suma importancia para detectar anemia. Las cifras varían un poco según la edad y sexo de las personas, así los recién nacidos tienen cifras altas y a veces hemoglobinas inmaduras, los varones adultos tiene cifras de alrededor de 15.5 gm/decilitro, las mujeres aprox. 13 o 14 gm., pero en el embarazo aumentan bastante. La altitud sobre el nivel del mar también la aumentan junto con la cifra relativa de eritrocitos (acción compensadora para aumentar la capacidad de oxigenación tisular ante la baja presión atmosférica). La Hemoglobina es una proteína excepcional, contiene hierro en su molécula y tiene una avidez peculiar para el oxígeno. Esto me recuerda la conversación de aquellos viejos amigos méxico-libaneses (los Libaneses son sumamente apreciados en México y forman parte del folclor y el humor); "Harbano, hace mucho que no te veía; ¿Cómo está la familia?. (el "paisano", procede a informarle con detalle los aconteceres de su familia). Su interlocutor le interroga amablemente por sus hijas (que han crecido hermosamente, como todas ellas); "Sarita se casó y tiene tres hijos, Mireya, está en la Universidad, Fatimita es artista y…".".Bueno tercia el "harbano", Fatimita era una muchacha muy "beculiar" "Bueno no", dice el orgulloso papá; "Baculiar, baculiar, para eso es mejor la Zoraida, tiene seis hijos!".

Bueno, la Hemoglobina se combina rápidamente con el oxígeno de los capilares pulmonares a razón de 134% de su peso y lo entrega a los tejidos a presiones gaseosas más bajas también prestamente, debido a su peculiar curva de disociación, gracias a la cual estamos vivos. (curva de la relación del porcentaje del oxígeno a su presión disuelto en sangre). La Hemoglobina una vez reducida se convierte en Carboxihemoglobina y el bióxido de carbono, es finalmente desprendido en los alvéolos pulmonares.

El número relativo de células sanguíneas, se estima efectuando un "frotis", extendiendo la sangre de la muestra en una laminilla portaobjetos y examinándola al microcopio. La cifra normal de Hematíes es de alrededor de 5.5 millones por microlitro (mm cúbico) de sangre,(aproximadamente 35 trillones!) en las mujeres un poco menos, (por eso dicen ellas que somos "bien sangrones"). Los Eritrocitos o Hematíes, son células sin núcleo, miden aproximadamente 7 u 8 micras, conducen la Hemoglobina, tienen forma discoide con centro deprimido, son circulares o levemente ovoideas, lo cual facilita enormemente su pasaje a través de los más pequeños capilares sanguíneos. Cuando se distorsionan o destruyen por diferentes situaciones patológicas (Sickle-Cell-Anemia, Drepanocitosis, Paludismo), pueden causar graves trastornos como microembolias o Hemólisis (destrucción de los Hematíes), daño tisular múltiple y aún la muerte. Los Hematíes tienen una vida media normal de 120 días y deben reemplazarse paulatinamente. Los Eritrocitos se originan en la médula roja de los huesos, sobretodo en vértebras, esternón, iliacos, a partir de células madre, que producen en varios pasos; Megaloblastos denominados Reticulocitos (tienen una fina red en su citoplasma), éstos son eritrocitos jóvenes (recién nacidos), que están presentes cuando se ha perdido sangre o en diferentes tipos de anemia. .

Las cifras bajas de Hemoglobina y Eritrocitos indican Anemia. Menos de 7.0 gm de Hb. Y menos de 2.5 millones, a nivel del mar, se considera peligrosa. Existen muchos tipos de anemia; desde la consecuente al sangrado (hemorragia), por déficit de Hierro en la alimentación (Anemia Ferropriva) o por defectos en la absorción o síntesis de la Vitamina B12 o del ácido Fólico, que producen Anemia Megaloblástica (o Perniciciosa), o por Hemólisis (destrucción) a consecuencia de múltiples agentes tóxicos, enfermedades autoinumnes (Púrpuras), veneno de serpiente, acción de parásitos (Paludismo), bacterias, toxinas, hipertermia, cambios en la osmolaridad del plasma, esto puede suceder cuando se toma demasiada agua (o se sufre ahogamiento con agua "dulce"), Reacciones de Rechazo, Incompatibilidad Sanguínea y muchas otras. La Anemia consecutiva a la Insuficiencia Renal, es severa y se debe a la disminución de la producción de Eritropoyetina (hormona que estimula la médula ósea para producir Eritrocitos), que el Riñón enfermo no puede producir, o por Uremia.

Los Glóbulos Blancos o Leucocitos, Son células más grandes, frecuentemente multinucleadas, de movimientos ameboides o sea que se mueven cambiando de forma, que no tienen Hemoglobina, sus funciones son fundamentalmente defensivas e inmunológicas. La Sangre en condiciones normales tiene entre 4,300 y 10,800 Leucocitos (por mm cúbico), cuando la cifra disminuye por debajo, esto se denomina Leucopenia, situación grave que denota infección severa o depresión medular, y cuando la cifra aumenta se conoce como Leucocitosis, lo cual indica una severa reacción defensiva generalmente contra infecciones, si las cifras son demasiado altas y además existen pocos eritrocitos la situación es grave, a esto se denomina reacción Leucémica y frecuentemente indican estos padecimientos..

Existen dos tipos fundamentales de Leucocitos; los Granulocitos (con múltiples gránulos citoplásmicos) y los Agranulocitos que carecen de ellos. Los primeros tienen propiedades "fagocitarias" o sea que engloban o "engullen" las partículas extrañas, bacterias, parásitos y materiales que no reconocen como del organismo. Son los "soldaditos" del cuerpo humano, pueden salir de los vasos a atacar a invasores y regresar, pero pueden no hacerlo, porque pueden ser atacados y destruidos por los microrganismos invasores, en este caso se forman residuos leucocitarios que se denominan "purulentos", que a veces se colecciona y limita por fibrosis en los tejidos y forma los Abscesos. Los Granulocitos más abundantes son los Neutrófilos (60 a 70 % del total) Segmentados o Juveniles, los Eosinófilos (3-4%) que aumentan cuando las invasiones son parasíticas o en los cuadros alérgicos o inmunológicos severos. Los Basófilos (menos del 1%). Los Granulocitos se forman en la Médula Ósea a partir de células primitivas llamadas Megakariocitos.

Los Agranulocitos se denominan Linfocitos (25 a 30%), no tienen capacidades fagocitarias y tienen funciones inmunológicas, son producidos en los Ganglios Linfáticos y el Sistema Reticulo.Endotelial, lo que constituye el Sistema Inmunológico del organismo. Existen varios tipos de linfocitos; A,B,C,D,E,T. los más famosos hoy en día son los Linfs"T", que disminuyen severamente con el SIDA. También hay Agranulocitos como los Monocitos e Histiocitos que tienen funciones reparadoras, reconstructoras y de mantenimiento de los tejidos dañados, forman parte de los procesos de cicatrización y fibrosis, también intervienen en la formación de coágulos y en su lisis (destrucción). Cuando el número de Granulocitos disminuye severamente, se habla de Agranulocitocis, condición muy severa que deja al organismo con muy poca defensa hacia las agresiones e infecciones.

En la sangre también existen células reparadoras especiales que se encargan de mantener la fluidez y viscosidad de la sangre en forma óptima, y también evitar sangrado cuando se produce una lesión vascular o cuando se presenta alguna irregularidad interna en el endotelio vascular que debe ser reparada, son las Plaquetas o Trombocitos, que son células redondeadas u ovales más pequeñas (2 a 4 micras diámetro). En la sangre humana existen alrededor de 200,000 o 300,000 (por mm cúbico) cuando disminuye su número, se habla de Trombocitopenia y pueden presentarse sangrados expontáneos. Las Plaquetas son extraordinarias y tienen papel muy importante en la formación del coágulo y el vasoespasmo, por lo tanto en el control de las hemorragias. Pero también juegan un papel muy importante en la producción de la Placa Aterosclerótica, que puede afectar severamente el interior de las arterias (sobretodo Coronarias y Cerebrales). La Coagulación de la sangre es un proceso sumamente interesante y complicado, que requiere la intervención de muchos órganos y substancias; Fibrinógeno, Vitamina B12, Heparina, Calcio, Factores Intrínseco y muchos otros. Puede ocasionalmente dañarse el sistema y ocasionar sangrados muy graves, como sucede en la Hemofilia (deficiencia hereditaria del Factor VIII), y en las infecciones graves como la Septicemia, Daño Hepático, etc. O durante transfusiones extensas, también puede ser causada por substancias tóxicas, como veneno de serpientes o arácnidos.

La Médula Ósea, tiene también capacidades increíbles, ya que posee como casi ningún otro tejido humano, la potencialidad de producir Células Madre o del Tallo (Embrionarias). Esta propiedad las hace valiosísimas en el manejo y tratamiento de enfermedades neoplásicas (Cáncer de varios tipos, sobretodo Leucemias); Transplante de Médula Ósea. Y claro también abre nuevas posibilidades en la Terapéutica de Clonación de tejidos y órganos enfermos o dañados irreversiblemente.Esto resulta francamente esperanzador e increíblemente maravilloso en el futuro de la Ciencia Médica.

La Sangre humana tiene características inmunológicas específicas que la individualizan, esto tiene por objeto, defender al organismo de proteínas o substancias indeseables, que podrían presentar amenaza para el cuerpo. Los Tipos Sanguíneos más conocidos son; "A", "B", "AB" y "O", y muchos otros subtipos, los que pueden tener antígenos de tipo" Rh" positivo o negativo. (a este anticuerpo se le llamó así porque fué aislado inicialmente en monos (Macaco Rhesus). Esta peculiaridad hace que las transfusiones sanguíneas deban ser muy específicas en lo relativo a los grupos sanguíneos, ya que podrían causar reacciones de rechazo que pueden ser leves o muy severas. Consisten en fiebre, escalofríos, dolor muscular intenso, cefalea, vómitos, y aún Estado de Shock Anafiláctico severo a veces mortal. La sangre incompatible, es atacada y destruída por los anticuerpos y linfocitos del huésped y esto desencadena una reacción severa de Hemólisis que destruye la sangre autóctona. Pasan a la sangre productos de detritus sanguíneo, Hemoglobina; Hemosiderina, radicales ácidos, y se producen cantidades excesivas de Bilirrubina, se presentan; Erupciones cutáneas extensas (Urticaria), Ictericia, Anemia, Dificultad Respiratoria. El Riñón puede dejar de funcionar al obstruírse los glomérulos o los túbulos renales, el Shock Circulatorio puede causar sangrados o coagulación intravascular diseminada y colapso cardiovascular. (¡Píntamela bonito, Doccis!, yo creo que hasta disfrutaste tu maldición). Bueno pero todo esto no necesariamente tiene que suceder y puede evitarse.

Nuestro Sistema Inmunológico y Retículo-Endotelial, son mecanismos extraordinariamente complejos e interesantes. Son nuestro sistema natural de defensa y son extraordinariamente efectivos. Consiste en numerosas células y substancias que desarrollan antagonismo hacia materiales o substancias que el organismo detecta o reconoce como extrañas o perjudiciales. Estas células y substancias se producen en varios órganos y tejidos, como; El Bazo, el Timo, los Ganglios Linfáticos, la Médula Ósea, el Hígado, los Pulmones, el Endotelio Vascular y otros. Y forma parte de la denominada Respuesta Inmune o Reacción de Rechazo. La Inmunidad es la facultad del organismo de producir Anticuerpos, en respuesta a substancias extrañas o dañinas específicas, y puede ocurrir en forma natural, y es transmitida hereditariamente, forma parte del "Armamentarium" humano, o puede ser inducida por exposición a materiales detectados como extraños o extrínsecos por éste sistema. Existen dos tipos principales de Inmunidad; La Celular o mediada pos Linfocitos; "B" o "T" (procedentes del Timo), estas últimas tiene sobretodo capacidades fagocitarias, o sea que engullen y engloban el material extraño. Y la producida por proteínas denominadas Anticuerpos, que son Globulinas específicas que antagonizan, destruyen o aglutinan, a las substancias extrañas. Existen muchos tipos de Globulinas, Aglutininas (Globulinas G o T), que son sumamente activas y destructivas hacia los Antígenos; substancias (generalmente proteínas), que se han introducido al organismo. (Reacción Antígeno-Anticuerpo), esta reacción es totalmente específica y necesita de exposición previa del antígeno agresor para presentarse. Sin embargo, puede desencadenarse un "aprendizaje", paulatinamente creciente y violento, hacia substancias inicialmente consideradas como innocuas, esto es la base de la Reacción Alérgica o "Anafiláctica", que es una reacción generalizada, desordenada y exagerada, que puede ser muy severa y aún mortal, si no se previene o antagoniza y trata a tiempo. Esta facultad inmunológica defensiva tiene también propiedades terapeúticas inconmensurables, ya que pueden tratarse o prevenirse multitud de enfermedades (vacunas o anticuerpos específicos) inclusive contra procesos tumorales muy destructivos y letales. Esto es la base de la Inmunoterapia moderna.

(Pos será, pero eso no te quita lo "sangrón"... Doccis).

20. SISTEMA DERMATOLÓGICO

"I`ve Got You, under my skin...I`ve got you, deep in the heart of me. So deep in my heart, you'r really a part of me. I`ve got you under my skin... I`d sacrifice anything come what might, for the sake of having you near, in spite of a warning voice, that comes in the night, and repeats, repeats in my ear; Don`t you know little fool, you never can win. Use your mentality, wake up to reality.. But each time I do just the thought of you make me stop, before I begin... `Cause, I`ve got you, under my skin.

(Cole Porter)

Ustedes disculpen, pero no pude substraerme, a la belleza de estas palabras del inolvidable Porter, expresando lo que todos los enamorados alguna vez hemos sentido con respecto a lo que llevamos abajo de la piel. Porque no deja de ser cierta aquella frase que menciona que "La Belleza no tiene nada más la profundidad de la piel" (Beauty is not only skin deep).

Pues así es la piel, delgada y extensísima cubierta de todo nuestro organismo. Tremendamente importante, ya que es nuestra conexión con el mundo exterior y no sólo eso, sino nuestra capa protectora, nuestro intercambiador de calor y de substancias ambientales. En épocas primitivas nuestra defensa máxima (y única) contra los elementos de la Naturaleza. De hecho, todos los seres vivientes tienen una capa protectora, desde la más humilde célula tiene membrana, hasta complicada y acorazada cubierta otros.

Nosotros los seres humanos, la tenemos de hecho bastante atrofiada (en comparación con nuestros compañeros de la Fauna). Pero lo que perdemos en funcionalidad lo hemos (más bien debería decir lo han) ganado en belleza, nuestros especimenes femeninos (¿lo dudan?).

Bueno "atrofiada" o no, es un órgano esplendoroso, y el más grande del organismo, pesa más de 3 Kg y su superficie en el hombre promedio, alcanza casi los 2 m. cuadrados..

La piel o "Cutis" como le llaman los Cosmetólogos o "Esteticistas". (¡Ay sí, tu cuutis, no se te vaya a arrugar el "Cuutis"!). Proviene del Ectodermo embrionario, la capa celular más exterior, está casi totalmente desarrollada hacia la 3 a o 4ª semana de vida intrauterina.

Su arquitectura es bastante simple, pero sus condiciones de fortaleza, elasticidad, plasticidad, durabilidad e impermeabilidad son asombrosas. ¿A ver, pónganse una chamarra o la prenda de vestir, la que quieran (la más elegante o costosa), úsenla todos los días (mañana y noche), expónganla todo tipo de maltrato, actividad, mójenla diario, expónganla a los elementos (encuérense los valientes, para que les tome foto el gringo loco ése). Y luego, díganme si les quedó un poco arrugadita a los 60-70 u 80 añitos?

La Piel consta de tan sólo dos capas celulares de gran resistencia y características únicas (¡Está hecha a la medida!); La Epidermis, es una delgada cutícula de células córneas, que se renueva constantemente, todos los días se desprende de decenas de miles de células que se van desgastando paulatinamente. Este material córneo, es impresionantemente prolífico y superresistente, forma no sólo las capas superficiales de la piel, sino también, los pelos o cabellos, uñas, cuernos (a los que les toque). Están formados por una substancia maravillosa, la Queratina, que es un subproducto de las glándulas de moco, rica en colágeno, minerales como el hierro, sílice, calcio, magnesio y claro carbono en grandes cantidades, que alcanza una solidez y dureza increíbles y además tiene elasticidad superlativa.

La capa media de la piel es la Dermis, una membrana portentosa, la membrana basal, que tiene todas las facultades inherentes a la piel y un poder regenerativo increíblemente eficiente. La Dermis, está riquísimamente vascularizada e inervada; Todos los vasos y nervios sensitivos, arterias, venas y linfáticos terminan ahí ("The buck stops here", decía Harry Truman). Además tiene todos los aditamentos necesarios para su correcto funcionamiento y mantenimiento; Una extensísima red de glándulas microscópicas; Unas producen sudor, el maravilloso líquido protector y termorregulador, además de ser un elemento auxiliar en el equilibrio hidro-elctrolítico del cuerpo, que además es capaz de expulsar materiales o substancias dañinas para el organismo, como Urea, Arsénico y muchas otras. Y las glándulas sebáceas, pequeñas maravillas que son un sistema de lubricación y protección increíblemente eficiente, pero como si fuera poco, también tiene funciones aromáticas que han sido (y continúan siendo), indispensables para la atracción sexual y la procreación. La Dermis es la parte más vital de la piel, puede regenerarse casi totalmente en pocas semanas, si le proporcionamos apoyo y cobertura temporales y evitamos su exposición continua a agentes dañinos como aire polvo, agentes microbianos., Esto lo saben muy bien los cirujanos plásticos y los traumatólogos, caso especial son las quemaduras de 2° grado (que afectan la capa profunda de la piel), de hecho lo que ellos hacen es simplemente proteger la dermis o subdermis con piel injertada que sólo sirve como apósito o puente protector para la piel nueva que se va formando por debajo.

Por debajo de la Dermis, está una gruesa capa de tejido laxo, conjuntivo y adiposo, formado por fibras elásticas esponjosas, que almacenan células de grasa "Adipocitos", en grandes cantidades y también una gran cantidad de vasos sanguíneos; arterias y venas, extensísima red capilar que irriga y nutre hasta la última celulita, y claro también capilares linfáticos a llenar. También existen en este "estroma", o estructura; Una enorme cantidad de terminaciones nerviosas sensitivas, que forman pequeños microscópicos ramilletes prácticamente a "flor de piel", son los sensores más importantes del organismo y algunas fibras nerviosas motoras, que activan los diminutos músculos pilosos que "erizan" las vellosidades y nos "ponen la carne de gallina", cuando tenemos frío o miedo. También existe una capa muscular estriada muy delgada en ciertas regiones corporales, como el cuello, la cara y otras partes, en otros mamíferos esta capa es muy importante pues sirve para ahuyentar insectos o sacudirse agua y polvo..

Esta capa celular adiposo-conjuntiva, es sumamente importante como amortiguador en los movimientos corporales y para evitar indebido stress a las estructuras internas. Y claro es más gruesa en donde más lo requerimos, como la planta de los pies o en las regiones dorsales o glúteas. En este ultimo aspecto, permítanme devanear un poco. Yo sé que todo el mundo necesita sentarse, y que ésa peculiar zona de nuestro cuerpo requiere acojinamiento. Pero ¿No creen ustedes que las mujeres han abusado (y lo seguirán haciendo), de ésa peculiaridad, con el único objeto de volvernos locos? Yo sinceramente creo que todo esto es una confabulación más (para apoderarse del Universo), sobre todo porque no nada más las cultivan, hermosean y utilizan (decorosamente algunas), sino que magnetizan y tantalizan a los sufridos e indefensos varones (que nada les hemos hecho), y que no contentas con eso, las ponen en actividad de tal manera que nos reducen a babeantes párvulos, cada vez que quieren! (no hay derecho amigos, no tenemos defensa alguna).

Bueno, pero la Piel, también tiene una función tremendamente importante en la conservación de la Homeostasis (equilibrio metabólico), me refiero al mantenimiento de la Temperatura Corporal. Somos animales "Homotermos", es decir que para que nuestras funciones corporales operen con un mínimo grado de eficiencia, requieren de márgenes de temperatura muy estrechos; 36.5° a 37.5° centígrados. Nuestro organismo simplemente no funciona bien (o no funciona del todo), fuera de esos límites; La Hipertermia (temperaturas corporales arriba de 40° C), dificulta el metabolismo de las proteínas (las puede coagular o freír como un huevo) y hace casi imposible el obtener energía de los glúcidos, y la Hipotermia (abajo de 34 C°), disminuye tanto el metabolismo que puede detener la actividad cerebral, cardiovascular y ¡respiratoria! No necesitamos congelarnos, ¡la hipotermia nos mata antes!

El intercambio calórico es pues fundamental en los procesos metabólicos de los animales, sobre todo de los mamíferos (con razón le das tanta importancia tú, Doccis!). La energía calórica se mide en Joules o Calorías, que también son unidades de trabajo. El joule es la cantidad de trabajo realizado por un amperio en contra de la resistencia de un ohmio y la caloría es la cantidad de calor necesaria para subir un centígrado a un mililitro (centímetro cúbico) de agua, (más comúnmente se utiliza la K-Cal que son 1000 cals.

Esto lo realiza el organismo humano a través de la piel, que con su extensísima superficie, funciona como un gigantesco radiador. El calor se transporta de 4 diferentes maneras; Por Radiación (ondas caloríficas), por Conducción (contacto con otras superficies), por Convección (por fluidos que conducen el calor) y por Evaporación; La evaporación de un líquido de la superficie de un objeto, consume calor y por lo tanto lo pierde. Todo esto lo hace la piel de una manera muy eficiente (si no le estorbamos mucho). Las zonas más vascularizadas de la piel y las que mayor cantidad tienen de glándulas sudoríparas son las más eficaces; La cabeza y las axilas, torso, abdomen e ingles. El sudor se evapora y la temperatura baja, pero ¿nosotros que hacemos?; Nos secamos el sudor, usamos desodorantes y nos cubrimos el cuerpo extensivamente! Y cuando hace frío; No nos cubrimos adecuadamente (varias capas de algodón o lana son lo mejor), y error, llevamos descubierta la cabeza, que es la que mayor circulación tiene! Y encima ¡muchos somos pelones o calvos! ¿En qué quedamos?.

Bueno, pero la Piel, claro también envejece y lo hace con singular alegría (como decía mi dilecto amigo Carlitos Basel, ¡Hola Charlie, yá deja la ópera, te vas a volver Nibelungo!). Y al envejecer se atrofia, (Charlie…y la piel), se adelgaza, se reseca. Una nota acerca de la "Hidratación óptima de la piel", que tanto preconizan nuestros modernos cosmetólogos y esteticistas. (¡Ay mana que "hidratadita" estás!), la hidratación de la piel no puede realizarse con cremas o lociones, masajes, radiaciones ni hormonas. El agua del organismo viene de los vasos sanguíneos y a veces cuando nos "remojamos" en exceso, como cuando se nos arruga la piel por tanto estar en la bañera (se hincha). Pero el resultado siempre es el mismo, nos mojamos la piel y después al evaporarse ésta, ¡la piel se reseca más! De modo que si quieren "hidratarse", pues sólo hay que tomar más agua, esto sin embargo no es fácil, porque el organismo no puede estar diluido, todo exceso lo echa para afuera o lo almacena en sitios inadecuados. De hecho el exceso de agua puede diluir excesivamente la sangre y los líquidos extravasculares a tal grado que se produzca "edema", o sea hinchazón de miembros inferiores y otras partes. De modo que la recomendación de los nutriólogos modernos de "tomar cuatro litros de agua al día", no parece ser lo más recomendable.

No creas que te creemos todo lo que dices Doccis, pero a ver; ¿Qué se puede hacer para combatir las malditas arrugas, verrugas, manchas y otras hórridas cosas que salen?

Bueno yo no soy Dermatólogo, pero les diré que si me preguntan eso, infiero que son tan "mayorcitos" como yo. Lo siento Betabeles, ya es demasiado tarde para evitar o retrasar las arrugas, esto debieron haberlo hecho a los 15 años! El asunto es también en gran parte genético, hereditario y además racial. (Los "inditos" tenemos piel muy resistente) Pero algunos consejos son útiles:

La Higiene es la Madre de la Salud, y la Salud es la base de la Belleza. El aseo meticuloso (¡no exagerar! Esto no tiene nada que ver con supositorios), es mandatario, los poros sebáceos y sudoríparos deben estar libres y limpios. La mugre, tierra y detritus, son "caldo de cultivo" óptimo para bacterias, parásitos, hongos y demás bichos, que deveras dañan y perjudican mucho la piel. No exponerla a traumatismos innecesarios, quemaduras, lesiones, etc. La exposición excesiva a los rayos solares sobretodo los ultravioleta, es muy perjudicial; mancha la piel, produce lunares, verrugas, arrugas, ezcemas y puede ser vector del cáncer cutáneo. La piel debe estar lubricada, activa, ventilada (también respira) y libre de irritantes y cáusticos. Es necesario ejercitarla diariamente, el reposo la atrofia (muévanse Bets, todas sus partes son movibles), fricciones vigorosas estimulan su circulación y por consiguiente su elasticidad, flexibilidad y tersura. Los aceites naturales de la piel, son indispensables; protegen, lubrican e impermeabilizan la piel, pero se desgastan ensucian y llenan de gérmenes, hay que reemplazarlos diariamente. Nosotros los vejetes no somos muy eficaces en esto. Conviene aplicar lubricante después del aseo. ¿Cuál? Pues yo no sé, el que más les guste, pero no crean que se van a "hidratar", rejuvenecer o regenerar la piel. Hay tal supernegociazo en esto de las cremas rejuvenecedoras, que no vean. Hay cremas para todo, carísimas algunas, rimbombantes otras, perfumadas todas; Hormonales, "proteinizadas", con "colágeno", con pH "óptimo", "hipoalergénicas", emolizantes y muchísmos otros"menjurjes naturales" de utilidad muy dudosa. Ustedes deciden, pero yo creo que lo que la piel necesita es sobretodo: Sentido Común, aseo, ventilación y aceites neutros, como Lanolina, Vaselina y algo de Glicerina. Así como acudir con el Dermatólogo de confianza, ante cualquier anormalidad que dure más de cinco días. Porque existen cuando menos 60 o 70 Enfermedades propias de la piel, y algunas otras que representan patología que se origina en otras regiones u órganos, requieren atención especializada.

Enfermedades cutáneas como; Dermatitis, Atópica (nadie sabe como o porqué salen, pero son un "pain in the ass"), por contacto, ezcemas, seborreicas, Verrugas o Papilomas, causadas por virus, Bacterianas, como

Erisipela, Furunculosis, Ántrax. Micosis como: Candidiasis, Pié de Atleta, Tinea (Tiña), Parasitarias, como: Escabiosis, Pediculosis (piojos o pulgas). (A propósito; saben ustedes ¿cuántas pulgas caben en una pulgada? R: Las mismas chinches que caben en una shin.....).

Virosis, como; Herpes, Molusco contagioso. De los folículos pilosos y glándulas sebáceas; Acné, Rosácea, Alopecia (calvicie). Pápulo-Escamosas, como: Psoriasis, Liquen plano. Inflamatorias, como; Erupciones por sensibilidad a substancias; Eritemas Nodoso, Polimorfo, etc. Ampollares, como Pénfigo. De la queratina, como Ictiosis. De la pigmentación, como; Mal del Pinto, Vitiligo. De la sudación, como Miliaria, Hiperhidrosis. Tumores benignos, como; Nevos (lunares), Angiomas (vasos sanguíneos), Lipomas (grasa).

Malignos como; Carcinoma Basocelular o Espinocelular, Sarcoma de Kaposi (asociado al SIDA), o peor aún; Melanoma (Brr. El peor de todos). ¿Es suficiente? Estoy de acuerdo. ¡Ya Basta!

Y aquí me despido, espero haber informado algo acerca de cómo está constituido el cuerpo humano y más o menos como funciona. ¿Preguntas?

"You can go to extremes, with incredible skins, till you are part of the scenes. And life gets more exciting with each passing day... love is either in your heart or on its way... Don't you know that is worth every treasure on earth, to be young at heart... for as rich as you are, is much better by far, to be young at heart. Here is the best part, you have a head start, if you are among the very young, at heart... (Sinatra, otra vez).

¡Hasta Siempre! Doccis.

PARTE III

SUGERENCIAS

21. Y… COMO DISFRUTARLO AL MAXIMO.

(¿Es realmente posible, deseable y funcional?)

<u>If you just smile</u>:
"Smile, though your heart is aching
Smile, even thou`is breaking...
So what`s the use of crying you`ll
find that life is still worthwhile.
If you, just smile..."
<u>Si solamente sonríes</u>:
"Sonrie, a pesar del dolor de
un corazón destrozado...
No tiene caso llorar...
Encontrarás que la vida vale la pena,
si solamente, sonríes..."
(Charles Chaplin & John Turner)

Probablemente algunos de ustedes recordarán esta hermosísima melodía compuesta por el inmortal Chaplin para su película "Tiempos modernos" (1936), a la que agregó una bellísima lírica Turner & Parsons (1954), y que fue popularizada inmensamente en los 60`s por artistas de la talla de: Tony Benett, Nat King Cole, Dean Martin y Rod Stewart.

No puedo pensar en otra melodía que de manera más tierna y hermosa describa como nosotros los Betabeles, nos sentimos hacia el final de la vida, cuando todo parece volverse progresivamente negro y triste. Y no es que tenga nada en contra de los negros, que incidentalmente son conocidos por ser tan alegres y guapachosos (cuando menos los latinoamericanos).

Es fácil decir: "Hay que ver la vida con optimismo". Si cuates, pero cuando tienes 70´ti-tantos y almacenas una retahíla de problemas de salud, y sobretodo cuando te estás quedando sólo. Qué cierto es eso de:" ¡Llórate pobre, pero no te llores sólo!" Nada más imagínense como se siente alguien; con incapacidad severa, para ver, sentir, movilizarse o con daño cerebral progresivo. Y luego la puntilla te la da tu compañera o compañero de la vida, cuando se "Vá". No sé que es peor, si súbitamente, o ser testigo, observador o portador de un progresivo y doloroso deterioro físico y mental, con alguien tan querido.

Incidentalmente, esto me recuerda la ocasión aquella, durante un sepelio de cierto compadre, que consolando a la viudita, le decía; "Comadrita, qué pena, no me diga que mi compita se "fué"...,-y luego la pregunta obligada-, ¿Cómo fué?, si se veía tan sanote, era un roble! -La comadre llorosa, le responde-; "Pues sí compadre, fíjese que, usted ya sabe como era el Eufrasio (Ah! p`a nombrecitos que les pones a tus personajes Doccis!). Ya sabe, los sábados tomaba mucho y ayer como siempre llegó tarde, y usté sabrá compadre, cuando tomaba, pues...quería mujer, y... "¿Y qué comadre?" pregunta interesado el compadre. "Pues, que yo creía que se estaba "viniendo", y...y, se estaba "yendooo", Sob!".

Bueno, pues; ¿Qué podemos hacer? Forma parte de la vida y naturaleza humana, el adaptarse para sobrevivir y continuar nuestra función de ser útiles a los demás, que incidentalmente también, -no sé si ustedes estén de acuerdo conmigo-, forma parte fundamental de nuestra misión en la vida, (aunque esta sea, el hacerles la vida imposible a los que tienen que lidiar con nosotros, con el noble empeño de que sean compasivos, generosos y se ganen el "Cielo"). ¿No?

Porque es un hecho (fácilmente comprobable); Nuestra cotidianedad, nuestra condición física y mental actual, es probablemente la mejor que tenemos y tendremos de aquí en delante. De "aquí p`al real", todo es cuesta abajo (o cuesta arriba como quieran verlo). Sin embargo, esto no es una verdad infalible o absoluta. Todo, absolutamente todo lo que hacemos o dejamos de hacer hoy, tendrá su correspondiente repercusión mañana. Esto si me lo permiten, sí es una verdad "de a peso". Y de ninguna manera puedo aceptar (y espero que ustedes tampoco), que seamos "Juguete del Destino", una simple hoja que arrastra el río de la vida. Que todo está predeterminado, que nadie se muere la víspera, que "Cuando Dios quiera", que ¡Nada podemos hacer para cambiar nuestra suerte y destino inexorable!

Yo (que Dios me perdone si me equivoco), no puedo aceptar que Dios Todopoderoso, nos puso en éste mundo, como simples marionetas, o jugetes, ó canicas que van rodando por escalera de la vida. (¿Recuerdan a nuestro querido Gabilondo Soler-Cri-Cri?);

"Del corredor, rodando van saltando las canicas... escalón por escalón, sin ton ni son...".

Yo estimo, que si de alguna manera llegamos a éste mundo y estamos en una de las más elevadas posiciones evolutivas en la escala de la Vida (porque me perdonarán algunas personas fieles devotas de los Textos Bíblicos), es mucho muy probable que existan otras formas de vida mucho más evolucionadas que nosotros en el inconmensurable y maravilloso Cosmos, que Dios ha creado. Digo, si estamos en ésa privilegiada posición cuando menos en nuestro planeta (o eso creemos). ¿No creen ustedes, que de alguna inteligente manera, estamos aquí por alguna razón específica de la Mente Divina?

Ahora, el punto clave, si estamos de acuerdo con lo anterior; Es tremendamente importante determinar: ¿Cuál es ésa bendita misión, que tantas veces he mencionado, no creen? Esa es la pregunta de los 64,000 millones de neuronas. Y además es demasiado vital e importante, como para dejarla nada más; a ver qué pasa, "pues, Dios dirá". Porque; Él ya lo dijo, está escrito: "Lo más importante para ganar la Vida Eterna, es: AMAR A DIOS CON TODAS TUS CAPACIDADES...Y AL PRÓJIMO COMO A TI MISMO". O sea; el Amor hacia tu Creador, y su Creación, incluidos; Tú mismo y todo lo que existe; La Naturaleza misma, ¿O los animales, vegetales y todo el Universo mismo, ¿no merecen nuestro amor, respeto y cuidados? Y luego agregó (para los perfeccionistas), "SI QUIERES SER PERFECTO, DEJA TODO, TUS BIENES TERRENALES… VEN Y SÍGUEME" (el Amor Heroico!).

¿Qué les parece, sencillito, no?

Bueno Doccis, pero eso es muy general, algo vago e indeterminado, ¿No podrías ser más específico? Pues verán, desgraciadamente han topado con alguien bastante ignorante y no creo que pueda ser mucho más específico, eso de "dar lecciones de vida" o de muerte, no es mi rollo, pero, sin embargo creo que debemos de personalizar, como decía el insigne maestro de todos los médicos, Claude Bernard: "No hay enfermedades, hay enfermos". Cada caso "stands on its merits", dicen los abogados gringos. Cada caso es particular y tendremos que valorarnos, autoexaminarnos y trazar un plan o derrotero factible, a la luz de lo que sabemos hoy en día. Ese es el propósito fundamental de éste libro, ayudar a conocernos a nosotros mismos y nuestro entorno, para aumentar nuestro nivel de información, y así tomar las mejores decisiones.

Bueno pues, con lo que tengamos habrá que "echar pa`lante". Yo sugiero que lo meditemos, que aunque sea tarde en el transcurso de nuestras vidas, reflexionemos en cuales han sido nuestros logros, metas y realizaciones y que si de alguna manera podemos mejorar algo, pues apuraditos que ¡falta muy poco Betabeles! Démonos cuenta de que nuestro Creador, nos puso en éste maravilloso Espacio y Tiempo (¿recuerdan la hermosa melodía "Coincidir" cantada hermosamente por la no menos bella Lupita Pineda?), sin preguntarnos por supuesto, pero probablemente por alguna razón que no hemos dilucidado completamente porque hemos estado inmersos en la dura batalla por sobrevivir y "sacar adelante" a nuestra familia. Y que a lo mejor esa fué exactamente "la misión" encomendada! También habrá que considerar que nos fueron otorgadas ciertas cualidades, armas o instrumentos, los “Talentos” famosos. Algunos fueron heredados, otros, enseñanzas de nuestros padres, maestros y cuidadores y otros más, producto de nuestros esfuerzos personales. De todo este bagaje de Talento, Tiempo y Espacio somos responsables y seremos llamados a cuenta en su debido momento, no nos quepa duda. Dios además de ser Todopoderoso, Generoso, y supremamente Inteligente, es también la Justicia Suprema.

De modo que, sólo que no nos importe eso, habrá que considerarlo para cerrar “tiendita”, con cierto grado de satisfacción y la sensación de “Misión Cumplida”.

A esto me refiero cuando considero que definitivamente sí se puede ser feliz y disfrutar el “finalizamiento” de la vida. Además consideremos que hayamos hecho lo que hayamos hecho, algo definitivamente algo, se logró, a pesar de nuestros errores, omisiones y torpezas. Y que si no fue así, es seguro que si lo admitimos valiente y sinceramente, se nos dará la oportunidad de mejorar nuestra labor, (ahí es donde, en mi concepto, reside la maravilla de la “Misericordia y la Justicia Divinas”).

-Bueno, bueno, Doccis, suenas como “curita de pueblo”, estás sonando medio hipocritón, el “Diablo metido a Predicador”, o algo así-. Bien, puede ser, sin embargo, yo siempre he dicho “no hagan como yo hago, hagan como yo digo”.

¿Se puede ser razonablemente feliz a pesar del inevitable y doloroso proceso de la senectud? Yo diría que si no lo podemos lograr, es que no le estamos “echando ganas”, aún en el peor de los casos, si se puede. Yo y ustedes seguramente conocen algunos maravillosos y ejemplares seres humanos, que dieron muestra de amor, valor, paciencia, tolerancia al dolor y al sufrimiento. No les pediría tanto, pero sí podemos tratar de emular tal conducta y tales héroes, por nuestro propio bien y del de los que tendrán que tolerarnos y soportarnos en nuestras penalidades.

Mientras eso sucede, creo que podemos disfrutar de nuestra merecida ociosidad y falta de responsabilidad por la vida de los demás (esa misión ¡yá se terminó!). Y trataremos de pasarla lo mejor posible con lo que tenemos. Veamos la vida con optimismo valiente, seguramente algo podremos hacer, aprender y disfrutar, antes de perder la maravillosa facultad de sentir y apreciar la obra de Dios en la Naturaleza, la compañía de personas afines (otros Betabeles iguales o mejores que nosotros). Desarrollemos actividades recreativas, intelectuales, físicas o simplemente divertidas con nuestros pares. Se requiere aumentar nuestra facultad de aprender, socializarnos, tolerarnos y promover la amistad y el sincero afecto por los demás. Porque nosotros los "viejanos", somos particularmente gruñones, tristones, apáticos a veces, ya no nos entusiasma nada, todo lo vemos negro, desagradable y amargoso. Desechemos tales lúgubres y negativos pensamientos, todavía podemos lograr algo y ser felices a pesar de todo, si nos lo proponemos de corazón.

Emprendamos una nueva empresa: La de ser un viejito(a) feliz, adaptado a su medio y condición. ¿Qué les parece ayudar a los que nos rodean y que son o han sido menos afortunados que nosotros? Seguramente algo podemos hacer, aunque sea acompañar en su dolor a alguien querido o aún a alguien desconocido, pero necesitado de una mano amiga. Una visita, unas palabras de afecto, un apretón de manos, una sonrisa de apoyo y comprensión un: "¡Ánimo Betabel, hay la llevas, ya mero la logras!", una ayuda económica o cuando menos la maravilla de la compañía y el afecto sinceros. Algo podremos hacer.sin duda.

Y ¿Qué sucede si el destino (nuestros genes y errores), nos juega la "mala pasada" de una enfermedad severamente invalidante que nos deja "por puertas", sin poder valernos por nosotros mismos, o a lo mejor (peor), incomunicados, atarugados (más?),"orinados y zurr…os", o luchando por alimentarnos, o respirar?

Pues aún en ese importantísimo momento y condición, podemos (sin lugar a dudas); Sonreír…y mágicamente, esplendorosamente, nuestra vida tendrá sentido y haremos felices a los demás al mostrar valor, inteligencia, dar ejemplo y señalar el camino a los que nos siguen, con valiente corazón y confianza en el "Altísimo".

"Smile, tho'your heart is aching.. Smile even tho'it`s breaking. When there are clouds on the sky, you'll get by. If you smile thro' your fear and sorrow. Smile and maybe tomorrow, You'll see the sun come shining thro', for you. Ligth up your face with gladness, hide ev'ry trace of sadness, altho' a tear may ever be so near. That is the time, you must keep on trying, Smile, what's the use of crying. You'll find that life is still worthwhile…If you just, smile…".

(Con profundo afecto Bets) Doccis.

PARTE IV

DISQUISICIONES ACERCA DE LA VIDA CUANDO LLEGA A SU TÉRMINO

22. VIDA ASISTIDA, DAÑO CEREBRAL Y DONACIÓN DE ÓRGANOS

<Que me cargues la leña solamente;
Le dijo un viejo leñador a la Muerte,
cuando agotado por la carga, la llamó desesperado>.
"Tenga paciencia quien se crea infelice;
Que aún en la situación más lamentable,
Es la vida del hombre siempre amable .
El viejo leñador nos lo dice."

(Samaniego, 1745-1801)

¿Porqué nos aferramos tanto a la vida? Nos preguntamos una y otra vez cuando somos testigos de la desesperada lucha del hombre en agonía. ¿Qué tiene de amable, el estar incapacitado severamente, o atormentado por dolor y con molestias insufribles? O en estado comatoso prolongado e incierto? Será que el Instinto de Supervivencia es tan poderoso y está impreso tan indeleblemente en nuestros genes que no podemos tomar concienca cabal de lo que nos está sucediendo? O será simplemente que el miedo ancestral a lo desconocido es demasiado poderoso?

No lo sabremos hasta que llegado el caso (espero sinceramente que no sea así), lo tengamos que atestiguar. Pero es notable como la mayoría de las personas en ese trance, de alguna manera conservan el valeroso ánimo para seguir luchando a pesar de tener pocas o ninguna esperanza, (será que no lo saben a ciencia cierta o no quieren aceptarlo en toda su lúgubre evidencia). Muchos familiares de personas en ese trance, hacen hasta lo indecible para conservar la vida de sus seres queridos, sacrifican todo, toleran todo, a veces por el genuino intento de mostrar su amor y preocupación por la persona amada y reverenciada, y a veces, quizás las menos por el "¡Que dirán!". No podemos ser muy severos en externar juicios acerca de la actitud y conducta de los familiares que tienen que soportar tales penas, ciertamente en la mayoría de los casos, nos asombra tanto la resistencia de la persona y la abnegación de los familiares más cercanos. Porque al final de cuentas; ¿Qué podemos hacer, o qué esperamos que hagan ellos?

Claro que cada caso es diferente y tendrá sus propios méritos y circunstancias y realmente no sabemos, no podemos siquiera imaginar (es muy doloroso), que haríamos en uno y otro caso, tanto de paciente o como familiar. Porque además, se agrega el factor social y humano de lo que se espera que hagamos a los ojos de la sociedad en que vivimos.

¡Ni modo cuate, te tocó en el teatro de la vida el papel de enfermo terminal! …Terrible disyuntiva, lucharás con "todo"¿O te desbaratarás en la pelea, en los primeros o en los últimos "rounds"? No lo sabemos, por más que lo hayamos presenciado o sufrido como familiar cercano, de todos modos no sabemos si tendremos el valor (o la necedad) de enfrentarlo. Claro que este pensamiento nos atormenta a nosotros encallecidos Betabeles, casi más que ninguna otra cosa. ¿Cómo nos tocará?, ¿Como nos conduciremos?

De una cosa estamos seguros, algún día tendremos que tomar una actitud, excepto en el caso de M.S. (muerte súbita). Todos pensamos que la mejor manera de morir es paulatinamente (como una "velita que se apaga", dicen). Yo no estoy tan seguro, porque las personas en tales situaciones, a pesar de que creemos que están en posesión de todas sus capacidades vitales, muy frecuentemente no es así, tienen diversos padecimientos y grados de invalidez, que muchas veces no valoramos ni sondeamos adecuadamente.

El realizar tales macabras elucubraciones podría parecer de mal gusto, para algunas sensibles personas (y si es así, pido encarecidas disculpas), pero eso no le quita a nadie la preocupación. Claro que ante lo inevitable, lo mejor es inteligentemente no prolongar la agonía y sufrimiento innecesarios. Pero; ¿Quién es el valiente, o el sabio que sepa qué es realmente inevitable y definitivo? El futuro es necesariamente desconocido y obscuro, así debe de ser, y no podemos jugar a las adivinanzas con nuestro destino. Pero también, si no pensamos en esto y no nos preparamos para cualquier eventualidad, inevitablemente, el futuro nos alcanzará con toda su terrible y cruda realidad. ¿Lo dudan?

Les tengo dos noticias Betabeles; (una buena y otra...). La buena es que vamos "A pasar a mejor vida", y que vamos a dejar de estorbar. La mala es que no sabemos cuando ni cómo, (a lo mejor esta "mala noticia", es realmente la "buena"), porque siempre podemos hacernos pen....hos, e irla "costeando", hasta que de repente ¡Zás! Y ahí a ver de a "como nos toca". Aunque sea desagradable, vale la pena pensar en estas hórridas cuestiones, para que no nos agarren desprevenidos y vayamos a "dar el changazo" y hacer el ridículo, (lo que sería peor, no creen?).

Bueno y santo, pero ¿Qué es eso de "Vida Asistida"?

Pues en mi concepto, sucede que la enfermedad, el desgaste y deterioro físicos no son sino consecuencia de la lucha de dos fuerzas antagónicas en la actividad biológica y físico-química, unas que tienden a conservar y acrecentar los procesos vitales (o sea crecer y perdurar), y otros procesos que están diseñados para destruir y reconstruir (morir para renovar). Los dos son fundamentales para la subsistencia de los tejidos vivos. Esto lo presenciamos al observar los fenómenos fisiológicos de nuestro cuerpo. La vida es una lucha continua. Además en nuestra relación con el ambiente que nos rodea (el Universo que nos circunda, en donde estos procesos también son evidentes y determinantes), existen innumerables causales de alteración y destrucción del orden establecido. Las fuerzas naturales funcionan siempre en uno y otro sentido y del equilibrio entre ambas, establece la persistencia y armonía de los sistemas, de todo lo existente. Esto es lo que los médicos llaman "Estado de Salud". Porque en realidad la Salud, no es la ausencia de enfermedad, sino el equilibrio entre las interacciones constructoras de los procesos vitales y las destructivas de los mismos.

En el devenir temporal, al desgaste de los ciclos vitales renovadores, el organismo humano va perdiendo la batalla (como es perfectamente natural). Y nuestros apreciados órganos y sistemas ya no se renuevan como antes, algunos inclusive toman caminos equivocados y crecen desmesurada e incontrolablemente (Cáncer). Los agentes externos físicos y biológicos que nos circundan (organismos de todo tipo como bacterias, virus, parásitos, hongos, así como agentes físicos; energía solar, fenómenos meteorológicos, etc. (que también están "haciendo su luchita"), nos invaden y tienden a destruirnos. El equilibrio biológico de nuestro cuerpo se debilita y claro empieza a perder terreno. Cuando la falla supera la capacidad de regenerar y combatir los fenómenos destructivos, la vida tiende inevitablemente a apagarse.

La falla de los distintos órganos y sistemas corporales, es acumulable, y a veces requiere asistencia externa médica. Pero cuando la falla o fallas, superan esta capacidad, la asistencia se torna desesperada y se requieren apoyos físicos o químicos cada vez más complicados (y costosos). A este tipo de asistencia médica se le denomina: Medicina Crítica (o Terapia Intensiva) y consiste en maniobras e intervenciones, a veces aparentemente muy agresivas, que están diseñadas para conservar la vida, en espera de que el organismo reaccione y pueda restablecer sus mecanismos naturales de defensa y recuperación. Por ejemplo; Cuando una persona sufre un trauma o accidente cerebro-vascular severo. El daño cerebral podría ser permanente o transitorio, el médico no está en posibilidad de saberlo con certeza. (cuando menos al principio) y puede determinar producir un estado de coma artificial con medicamentos, para reducir el consumo de oxígeno del cerebro, mientras el proceso inflamatorio, o lo que sea empieza a ceder y recuperar su función, o podría optar por procedimientos quirúrgicos más complicados y riesgosos, en un intento de evitar daño subsecuente permanente o mortal.

Así, los procedimientos médicos de último recurso, han evolucionado increíblemente y se han vuelto muy eficaces, agresivos, complicados y costosos. Existen muchas variedades de Medicina Crítica, desde la Terapia Intensiva Neonatal, que actualmente es una maravilla tecnológica médica, que logra cosas increíbles con los pequeños. La Unidad Coronaria Intervencionista y Vascular, así como Terapias especializadas en casi todos los padecimientos críticos, incluyendo; Trastornos Cerebrales, Metabólicos, Trauma, Quemaduras, Infecciones, problemas Respiratorios o Renales, y también Post-quirúrgicos.

Cuando en una persona se presentan varios problemas de salud severos, relacionados con más de tres órganos o sistemas vitales, se habla de "Falla Multiorgánica", (que no tiene nada que ver con "falla multiorgásmica" -lo cual sospecho es un mito o un estado de simulación de las benditas mujeres-). Cuando se presenta falla de más de dos órganos vitales, digamos; corazón-pulmón o digestivo-renal, pueden instalarse maniobras terapéuticas de soporte transitorio, en espera de que los procesos patológicos sean finalmente dominados por nuestro organismo, o por las maniobras terapéuticas más enérgicas disponibles. Claro que también puede presentarse una falla única de gran severidad y magnitud, aunque todo el resto del organismo esté en "Zip-Zap-Condition"(inmejorable), como sucede en el daño cerebral severo, que no existan condiciones razonables de recuperación, y que no tenga ningún sentido continuar las maniobras de soporte vital. Asimismo puede suceder que cuando la disfunción de múltiples órganos se hace evidente, y los procesos destructivos son tan severos, que no sea posible restablecer el ansiado equilibrio. Por ejemplo; Paciente con daño cardiaco severo por infarto, que presenta falla renal consecutiva al estado de shock y se le agrega Neumonía resistente a la antibioticoterapia. Se considera que las esperanzas de sobrevida son realmente mínimas o inexistentes.

Los procedimientos de soporte vital, incluyen fundamentalmente; Asistencia Ventilatoria con aporte forzado de oxígeno a los pulmones, Intubación endotraqueal, Aspiración de secreciones, Apoyo mecánico circulatorio; Contrapulsación, Derivación Cardio-pulmonar, Corazón artificial, Supraestimulación medicamentosa a la fuerza de contracción del corazón, o a su Ritmicidad (Marcapaso eléctrico), Nutrición parenteral (aporte de nutrientes y energéticos por vía venosa), Terapéutica enérgica medicamentosa de último recurso, Hemodiálisis (Riñón Artificial). Protección cerebral para la hipoxia o isquemia (falta de oxígeno o de flujo sanguíneo). Cámara Hiperbárica (dispositivo para aumentar la concentración de oxígeno a niveles supratmosféricos). También protección para otros órganos y sistemas como la piel, ojos, etc Todos estos procedimientos tienen por razón obvia, que ser transitorios, ya que son muy agresivos, producen trastornos y complicaciones diversas con su uso prolongado, son sumamente costosas y no siempre disponibles en todos los centros de atención hospitalaria.

Además existen multitud de instrumentos y mecanismos de vigilancia sobre el estado de las funciones vitales del paciente que también son agresivas, aparatosas y costosas. Esto último es lo que más frecuentemente impresiona a pacientes y familiares, y dicen; "Estar ahí atravesado con tubos por todos lados, cables, alambres, respiradores, monitores, máquinas, sacándole sangre, picándolo, succionándolo, martirizándolo, ¡es insoportable!".

Y ¿Saben qué? Tienen razón. Lo que pasa es que nadie, ni el médico más avezado y experimentado, ni el examen más costoso, pueden en ocasiones determinar si el estado del paciente es absolutamente Terminal.

Por cierto, para tratar de aminorar la lugubricidad de tales relatos, intentaré introducir un chistecillo "sangrón" de la Terapia Coronaria: Un paciente fué llevado de urgencia a tal lugar por sospecha de Infarto Miocárdico Agudo. Se le instalaron todos los sistemas de vigilancia y monitoreo usuales, y quedó en observación: Asustado (obviamente) y alarmado empezó a sudar frío y angustiarse, pero el paciente contiguo, notando tal preocupación, le dice;" No te preocupes amigo, todo esto que te ponen, es solamente para vigilarte y ver si tienes algo realmente grave, no te va a pasar nada. Pero ten cuidado con ésa lucecita del monitor arriba de tu cama, y el ruidito ese de Bip-Bip-Bip. Si por alguna razón, deja de sonar Bip-Bip-Bip, tu mismo debes decir Bip-Bip-Bip. Porque si no...¡Todos se te vienen encima, te inyectarán y el "loco de la bata" de dará un choque eléctrico horrible, hermano!

Bien, pero ¿Cuándo se puede determinar que el proceso patológico (analogía para decir enfermedad), es irreversible, es decir cuando estás "Muerto, muerto" de a deveras? Bien, esa es una pregunta difícil, pero creo que deberíamos de considerar que "somos más de uno". Es decir somos billones de células, respirando, creciendo, muriendo (gozando de la vida), simultánemente en diferentes estadios. Es ciertísimo eso de que "Para vivir hay que morir". Sin embargo, cuando la actividad cerebral disminuye tanto, que cesa de existir "Vida de Relación" y la coordinación de todas las funciones del organismo se deteriora, se establece un circuito vicioso que conduce a la terminación de nuestra existencia.

De modo que para propósitos prácticos, se puede decir que cuando el cerebro muere, el resto del organismo no tiene razón para existir. Veámoslo de éste modo; Si perdemos el Hígado, o el Corazón o los Pulmones o cualquier otro órgano vital, teórica y técnicamente se podría transplantar tal sistema. Pero si perdemos el cerebro, aunque fuera factible (yo creo que nunca lo será) transplantar el cerebro, ya no existiríamos, ¡Seríamos otra persona!

El tejido cerebral, compuesto por Neuronas, y sus conexiones (dendritas, axones, etc) y su tejido de soporte y mantenimiento; Astrocitos y Células Gliales, membranas y vasos sanguíneos, pueden sufrir daño celular (y de hecho lo sufren todo el tiempo a lo largo de nuestra vida), irreversible y se convierte en tejido cicatricial inerte. Claro que no todos los tipos de células cerebrales son iguales y tienen funciones diversas, unas son más "vitales" que otras, o sea que sirven para mantener funcionando a todos los demás sistemas del organismo. Estas células "directrices", están en los núcleos basales del Puente o Bulbo Raquídeo, Cerebelosos, Tálamo, Hipotálamo, Núcleos Supraópticos.

La muerte cerebral (MC) es más frecuentemente consecutiva a "Hipoxia" o falta de oxígeno, que es absolutamente indispensable y cuya disminución, simplemente las delicadas neuronas no pueden tolerar más de 3 o 4 minutos. También existen muchas otras causas de "muerte cerebral" o necrosis, como Hipotermia o Hipertermia severas o prolongadas, Traumatismos, compresión por tumores o hemorragias endocraneales, choque eléctrico, substancias tóxicas (alcohol, venenos, metales, etc) infecciones severas, trastornos metabólicos, acidez-alcalinidad exageradas y muchas otras causales. Pero también muerte neuronal por "Apoptosis" o sea muerte celular programada genéticamente, o sea que las células no son inmortales y cuando agotan sus capacidades regenerativas de ADN-ARN replicativo, dejan de funcionar y son reabsorbidas por el organismo, de tal modo que las neuronas con las que nacimos, siempre tienden a disminuir con el transcurso de los años. La muerte neuronal, se aprecia en los cortes histológicos (al microscopio), por la intensa vacuolización, huecos en su protoplasma, o partículas picnóticas(oscuras), la reducción o desaparición de sus núcleos, la disminución del tamaño celular y sus terminaciones y la presencia aumentada de linfocitos y células gliales (cicatriciales), con la consecuente retracción y atrofia cerebral.

Por supuesto que no es necesario el hacer biopsias de tejido cerebral para determinar la muerte de dichas células, sería absurdo y además traumático. Los signos de muerte cerebral (MC), se pueden y deben apreciar clínicamente y son ampliamente suficientes y confiables como para determinarla con certeza.

Existen cuando menos cuatro niveles en el deterioro del nivel de la consciencia; El Embotamiento cerebral, con nivel de alerta reducido, el Estupor que es una falta de respuesta consciente a estímulos externos o sólo brevemente con estímulos intensos, la Hipersomnia, o sueño profundo, y los estados comatosos que tienen causas muy diversas.

El problema se presenta cuando existen datos de Coma profundo súbito o consecutivo a un proceso patológico severo. Necesariamente habría que descartar, Traumatismos cerebrales, AVC (Hemorragia o Trombosis Cerebral) la ingestión accidental (o suicidal) de substancias depresoras del Sistema Nervioso Central, como los Barbitúricos y otros tóxicos, así como la Hipotermia severa y los cuadros Metabólicos como; Diabetes Mellitus, daño Hepático extenso, coma Hiperosmolar (demasiadas sales) o Hiponatrémico (poco sodio).

Existe una valoración clínica de los estados de Coma, la Escala de Glasgow, que clasifica sus niveles. Pero existen cuando menos tres estados que pueden causar confusión; El estado de Bloqueo Cerebral o Síndrome de "Locked-in", en donde el paciente aparentemente está consciente, pero debido a parálisis motora generalizada, no puede comunicarse con el exterior. El Estado Vegetativo, que es el que más se confunde con la MC, y que consiste en una lesión generalizada y disfunción de los hemisferios cerebrales (como en la hipoxia prolongada), que destruye la capacidad de desarrollar actividad mental consciente, al mismo tiempo que preserva la función de los centros basales Diencefálicos y del Tronco Cerebral, con lo que se mantienen las funciones vitales de Respiración y función Cardiovascular, Digestiva etc. Esta situación aunque sumamente severa y ominosa, puede ocasionalmente revertirse y restaurar cierto grado de funcionamiento cerebral cortical, aunque es excepcional la recuperación total.

La Muerte Cerebral integral, requiere para su certeza; que no exista evidencia de función cerebral a ningún nivel. Se determina por la ausencia de reflejos pupilares, oculomotores, mandibulares, faríngeos, vestibulares al frío o calor, y al dolor intenso en cualquier parte del organismo, respuesta Electroencefalográfica isoeléctrica (plana) durante mas de 30 min., o evidencia de ausencia de utilización de oxígeno por el cerebro (con Radionúclidos o Angiografía Cerebrales). Esto es comparable a la muerte de la persona. Sin embargo los procedimientos médico-tecnológicos actuales, pueden substituír con cierto éxito las funciones rectoras del resto del cuerpo y mantenerlo con vida por tiempo indeterminado, a veces con propósitos de Transplante. Esto ha dado motivo para interminables disquisiciones morales y legales acerca de cuando es lícito o conveniente "desconectar" a tales pacientes. No abundaré en eso, pero creo que cada caso deberá ser valorado individualmente y todas la circunstancias tomadas en cuenta.

Recientes investigaciones genéticas han surgido y prometen alternativas a las técnicas actuales en transplante de órganos humanos en el futuro cercano. Me refiero a las técnicas de clonación de tejidos y órganos humanos utilizando células madre embrionarias (¿Inaceptable moralmente?) y mejor aún mediante el cultivo de células troncales de médula ósea, y más recientemente de células dérmicas (piel) en la Universidad de Kyoto, Japón.

En la actualidad éstas técnicas han sido capaces de regenerar tejido miocárdico, óseo, probablemente hepático y dérmico en situaciones experimentales, lo que produce una gran esperanza en la terapéutica médica para personas con múltiples padecimientos degenerativos. ¿Qué tan lejos llegará esto? No lo sabemos, pero podemos soñar.

Sin embargo, el Amor todo lo resuelve, de modo que terminaremos estas líneas recordando el hermoso vals del inspirado compositor mexicano Fernando Del Moral; "Morir por Tu Amor":

"Morir por tu amor, que dicha ha de ser, morir por tus ojos divinos, que son la expresión del amor. Morir si morir, cantaba el ruiseñor, que todo en la vida es; Amor, amor, amor".

¡Hasta Siempre Bets!

23. EUTANASIA Y VIDA DESPUÉS DE LA VIDA

San.Gregorio dice; (Moral XIV;55):
"Aquellos que no aceptan la Resurrección en el principio de obediencia. Deberían aceptarlo en el principio de la razón, porque; ¿Qué es lo que el mundo natural hace todo el tiempo, si no es imitar en todos sus elementos, nuestra Resurrección?".

De la Resurrección en si misma; (Objeción; 4. a Santo Tomás de Aquino); *"El último estado de una cosa es el más perfecto, puesto que de ese modo realiza su fin. Ahora el más perfecto estado del alma, es el estar separada del cuerpo, puesto que en tal estado, es más conforme a la naturaleza Divina y a los Ángeles, y es más pura ya que está separada de cualquier naturaleza extraña y corruptible. Por lo tanto su separación del cuerpo es su estadio final y consecuentemente no regresa de ese estado al cuerpo, así como el final de un hombre no puede ser terminar siendo un niño".*
(Dice Santo Tomás):-*"Contrariamente, está escrito (Job 19,25-26):*
Yo sé que mi Redentor vive, y que en el Último Día, me levantaré de la tierra y estaré nuevamente revestido con mi piel. Por lo tanto, deberá existir una Resurrección del cuerpo"-

Tratado del Hombre.(Lo perteneciente a la esencia del Alma).-… *"la vida se muestra principalmente mediante dos acciones; Conocimiento y Movimiento. Por lo que debemos concluír, que el Alma Humana, que reside en el intelecto y en la mente, es algo incorpóreo y subsistente":* (SUMMA THEOLOGICA; S.Thomas Aquinas).

Hermosas y reconfortantes palabras. Pero desde los inicios del conocimiento humano, el hombre ha debatido incansablemente acerca de los temas más trascendentes de nuestra existencia; La Esencia y Naturaleza Divina, la Inmortalidad, la existencia del Alma, y la Vida después de la Vida. Temas en muchas ocasiones evitados por los pensadores eclécticos y agnósticos (los que incluyen todas las formas de pensar y los que sostienen que nada puede determinarse como absoluto). Yo me atrevo a hacerlo, porque creo que resulta indispensable reflexionar (aunque sea al final de la vida) acerca de nuestro Destino e inexorable Fin. Imposible resumir el pensamiento de los innumerables y admirables pensadores que nos han precedido. Pero creo que deberíamos de formarnos nuestra propia opinión a la luz de la información que podamos recopilar, y reflexionar cuidadosamente con la mayor sinceridad que nos permita nuestro propio intelecto.

Se considera a un paciente “Terminal”, cuando las acciones, ministraciones y procuraciones médicas tendientes a recuperar un estado de equilibrio en la salud, son incapaces de lograrlo en el curso de una enfermedad. En este amplio sentido, podrían caber algunas entidades patológicas, que sin aparente gravedad letal, tienen una probabilidad de sobrevivencia cercana a cero; Algunas formas de Cáncer invasivo o diseminado, intoxicaciones severas, sangrado de tubo digestivo incontrolable, quemaduras de piel con extensión mayor a 90%, y claro lesiones cerebrales destructivas muy extensas, en las que el estado comatoso pudiera parecer recuperable (estado vegetativo). Por supuesto que los médicos no son infalibles y pueden cometer errores de juicio evaluatorio (yo por eso, nó hago prognósticos médicos). Además; ¿Podríamos descartar la producción de un Milagro?

Recordemos que la función del médico, no es realmente la de “curar” enfermedades. El organismo y la naturaleza, son mucho más eficaces en éso. La Medicina moderna, puede y debe asistir a la naturaleza en la recuperación de la salud, nunca obstaculizarla (como a veces). Y cuando ni eso puede, debe aminorar el sufrimiento, confortar y consolar.

La muerte no es el enemigo mayor, ni lo peor que le puede pasar al ser humano. Es la realización o complementación de un ciclo vital, necesario e inevitable. El dolor y el sufrimiento tienen cualidades redentoras, ennoblecedoras, y perfeccionadoras del Espíritu Humano. Mi padre me relataba, que el sufrimiento que nos parece atroz, es como el hierro o el acero en la fragua del herrero, en donde el material sufre golpes muy intensos, calentamientos y enfriamientos severos, los metales podrían (utópicamente), quejarse de su suerte y considerarla injusta. Pero al finalizar el castigo, se convertirían en algo nuevo y esplendoroso, como puede ser una espada, un maravilloso instrumento o una obra de arte. Y si por alguna razón, no tolera el castigo (forja o templado), y se desbarata o destroza antes de terminar, pues se convertirá en algo inútil, inservible, o materia prima básica, elemental, y tendrá que iniciar de nuevo otra vez.

Del mismo modo, creo que para mejorar, para transformarnos en una mejor y más fructífera existencia, debemos sufrir, tolerar y merecer. Incidentalmente, ese es el camino, Jesucristo lo señaló (y puso el ejemplo): "YO SOY EL CAMINO, LA VERDAD Y LA VIDA; NADIE VA AL PADRE, SINO ES POR MI" (Juan. 14:5-6-7). Y agregó (para los perfeccionistas; "SI QUIERES SER PERFECTO, DEJA TODO, TUS BIENES TERRENALES, VEN Y SÍGUEME".

Humildemente, los corredores, también tenemos una máxima; "If there is no pain, there is no gain"(si no duele no hay ganancia). De modo que para merecer, para mejorar es necesario sufrir.

Nadie puede saber a ciencia cierta como va ser el terrible (o enaltecedor) momento de morir, pero seguramente deberíamos prepararnos para el, y estar alertas.

Cada caso es especial y debería ser valorado en sus propios méritos y circunstancias. Por ejemplo; Un paciente que en aparente buen estado de salud, sufre un cuadro abdominal agudo, y en la intervención quirúrgica se encuentra Cáncer hepático diseminado, o de otro tipo. ¿Qué hacer? Quimioterapia extensiva y extenuante? O caso de Sangrado severo de Várices Esofágicas, que requiere un balón compresivo en el esófago, sabiendo que en cuanto se le retire, el problema muy seguramente continuará y el paciente tiene Cirrosis Hepática.

Hay personas que mueren lentamente con gran sufrimiento e incomodidad y todo lo que hacen los médicos (y los familiares), es prolongar o acrecentar el sufrimiento y la agonía. ¿Qué derecho tenemos, los seres humanos (paciente, familia y médico), de alterar el orden natural, cuando no es posible humanamente, mejorar la situación y ayudar a restablecer la salud? Porque todos sabemos y conocemos casos de pacientes que sufren una agonía sumamente penosa, (para todos los inmiscuidos). ¿Debemos insensatamente prolongar la vida, contra toda esperanza y en el proceso causar mayor sufrimiento y dolor?

La orden médica de: N.M.R.C.P: (No Maniobras de Reanimación Cardiopulmonar), a veces se inscriben en el expediente del paciente, a solicitud expresa del mismo o de su familiar más cercano, a veces con el consejo del médico a veces en contra de su opinión, y deben de respetarse. En otro aspecto; Si el paciente sufre grave malestar, dolor insoportable o excruciante, o grave dificultad para respirar a pesar de acciones médicas máximas para su control. Sabemos que si aumentamos la dosis de medicamentos para el control del dolor, disminuiremos su función respiratoria y podemos terminar con su existencia. Como estos ejemplos, existen multitud de casos semejantes, que deberán ser resueltos con mente abierta, comprensión total del problema y máxima compasión hacia el paciente.

Si Doccis, pero, ¡No manches!, ¿Qué tal si lo que se daña irreversiblemente primero, es el cerebro? Bueno, ahí si no sé que decir, sin embargo, no sabemos que tipo de consciencia tiene aquel con daño cerebral, puesto que todo lo que nosotros podemos ver es su desconexión con nosotros y el mundo exterior. No sabemos si está sufriendo, que tanto se da cuenta, que clase de consciencia tiene, que tipo de ideaciones persisten. Este es uno de los problemas más difíciles y apasionantes de la terminación de la vida.

Cuando alguien sufre daño cerebral severo y extenso (Vg. Hemorragia cerebral intracapsular) o cuando se instala un proceso paulatino degenerativo crónico severo, como Infartos Cerebrales múltiples, Alzheimer, Parkinson, Esclerosis Múltiple, Creuzfeld-Jacobson, u otra maldición semejante. La memoria y todas las capacidades cerebrales van sufriendo deterioro paulatino, inexorablemente y no tenemos manera cierta de detener el proceso. Se inicia a veces una larga batalla, para sobrellevar una sumamente penosa enfermedad, en la que participan con el paciente, su médico y sus familiares más cercanos.

¿Qué hacer? o ¿Qué no hacer? Los médicos estamos diseñados y entrenados para conservar la vida, disminuir la angustia y evitar el sufrimiento, pero al hacer esto, ¿No estamos propiciando un mal aún mayor? Nuevamente, NO lo sabemos. Creo que debemos seguir nuestro instinto, nuestros conocimientos, nuestro corazón y nuestro intelecto (¿en ése orden?). Y claro debemos respetar los deseos de la familia y si fuera posible en todo caso tendrían primacía, los deseos del paciente bien informado y sereno.

La Eutanasia (lat. *Eus:* bien, *thanatos:* muerte). Tan popularizada hoy en día, tan discutida y difundida por los medios, líderes religiosos, políticos y morales, en realidad no significa;"Muerte por Piedad", en mi concepto significa más bien "Ayudar a Bien Morir". En ese sentido, creo que significa la aceptación de que no somos omnipotentes ni lo sabemos todo. La muerte del cuerpo es tan natural como la vida. Y yo opino que tiene toda la justificación moral, el actuar con misericordia, a la luz de lo que sabemos actualmente.

Los cuidados a los enfermos terminales, son básicos y sumamente importantes, son tan sencillos, que a veces no son valorados. Nada más hay que ponerse en los zapatos (calcetines) del paciente. Su confort, comodidad y bienestar (hasta donde sea posible), deben procurarse sin apabullar o atosigar al paciente (a veces; ¿estás bien así?, ¿te duele mucho?, ¿quieres otra almohada?), claro que hay que ponerlo cómodo, (hay que ponerse en "su lugar"), pero no estar todo el tiempo encima de él, eso es tan malo como abandonarlo, el pobre cuate necesita también paz y consuelo. La limpieza e higiene corporal son fundamentales, sobre todo de boca, nariz y genitales. La temperatura corporal, iluminación y ventilación también, la relación cariño y soporte humano todavía más, la distracción, recreación, música e imágenes también ayudan. El ambiente lúgubre y triste, ¡para nada!

Cuentan que cuando Don Isaac estaba en el lecho de muerte; preguntaba; "Estás aquí Aaron?, Si apaá, aquí estoy, Estás aquí Rebeca? Si papacito!, Y Jacobinito?, Síi pá!, y tú Esther?, claro viejo! Y así pasó revista a todos sus hijos y parientes (todos estaban ahí pendientes de la herencia). "Entonces; …¿Quién caraxos está a cargo de la tienda?".

Los asuntos legales, tienen también importancia fundamental., Todo debe estar tan claro como el agua. Hay que ser detallistas y exactos hasta el límite, todo cuenta, hasta el bien que nos parece tan insignificante., Todos estamos cansados de presenciar, peleas, desacuerdos, envidias, codicias, a veces sumamente destructivas entre los miembros de una familia, porque el maldito viejo, no fué claro y preciso en su testamento y última voluntad.

Bueno, eso es en lo temporal. Estamos sujetos al tiempo y al espacio como decíamos al inicio de estas líneas. Pero ¿Qué hay del "Más Allá", Doccis?

¿Porqué me preguntan a mí?... Yo que voy a saber, yo todavía estoy en el "Más Aquí". Sin embargo permítanme exponer lo siguiente:

Me parece evidente que todo lo que existe, está sujeto a cambio, el devenir de materia, energía, tiempo y espacio son indudables. Y todo lo que constatamos con nuestra inteligencia en ese cambio, que inicia de algún modo y también finaliza, nada de lo material parece ser eterno. Es más el concepto de "Eternidad" o "Infinitud", escapa a nuestra concepción (cuando menos la mía). Sin embargo, somos testigos de la grandeza, inmensidad del Cosmos, su complejidad y el maravilloso orden natural que lo rige. Desde la más pequeña partícula de materia, átomo, partícula subatómica, nanopartícula, quantum energético, hasta lo más grande, inmenso y complejo que podamos apreciar, nos apabulla y sorprende (y lo hace cada vez mas), con su complejidad, orden y belleza natural.

Nos observamos aquí, en la mitad de la nada, somos infinitesimalmente pequeños, en un fragmento igualmente pequeño de tiempo. Pero, se han preguntado, ¿Porqué estamos aquí? ¿Cuál razón hay para nuestra existencia? Porque resulta aberrante a la mente, el pensar que estamos aquí y ahora, por... ninguna razón. Que somos simplemente producto de la casualidad aleatoria y fortuita, que somos un insensato e irracional producto de... ¿Nada?

Hay muchísimas cosas que no comprendemos (y de todo lo que se sabe, ni siquiera estamos seguros con certeza absoluta), muchísimo más ignoramos. Sin embargo, nuestra limitada inteligencia, necesita una explicación racional para todo lo que existe, particularmente, la razón, la causa, la "Primum Movere". ¿Cuál es origen, motivo y fin del Universo? O sea, como dijo Don Isaac; "¿Qué está pasando, y qué caraxos estamos haciendo aquí?".

Las razones son ignotas y obscuras. De ninguna manera podrían ser diferentes ¿No creen?. Sería tanto como tratar de descifrar la Mente Divina. Es como si una pequeña bacteria, se preguntara; "¿Porqué y cómo estos necios humanos están tratando de llegar a la luna?".

Ahora, algunas personas en su glorificación del razonamiento y ciencia humanas, no pueden aceptar la existencia de una Divinidad Creadora y Rectora. Yo respeto su posición intelectual, pero creo que si Dios no existiera, ¡Tendríamos necesidad de inventarlo! Porque de otra manera el Universo, el Tiempo y el Espacio, no tendrían ningún sentido.

Ahora bien, si podemos aceptar la existencia Divina, tenemos que conceder que tiene que ser Omnipotente, la Bondad, la Inteligencia, la Verdad, la Belleza y la Justicia supremas, (ideas básicas que todos los humanos racionales tenemos en la mente casi desde que nacemos). No puede ser material ni estar sujeto al tiempo (que son creación suya). Y por lo tanto, ÉL no es capaz de actuar absurdamente, ni tontamente, ni aleatoriamente. Decía Albert Einstein; “Me niego a aceptar que Dios juega a los dados con el Universo”. De modo que tiene que existir un sabio propósito en la Mente Divina (Justo, Bondadoso, Inteligente y Bello). No puede estar sujeto a falsedad, ni sujeto a la suerte, o incoherencia.alguna.

La Vida es indudablemente creación suya, con toda su grandeza y misterio. Han reflexionado en la “minúscula” diferencia entre una célula viva y otra muerta? (un huevo fértil y otro estéril?), desde el punto de vista bioquímico son idénticos, pero… Reacciones químicas sin sentido? Y ¿Quién las puso ahí?

¿Tenemos alma inmortal? No lo sé, ¡Qué mas quisiéramos! Lo que si sabemos es que en algún momento empezamos a existir y que en algún otro dejaremos de hacerlo como algo material. ¿Pero y el Espíritu? Ese “algo”, que nos hace vivir, pensar, reflexionar, amar, etc. También desaparece? ¿Qué sentido tendría el haberlo creado, sin ningún motivo?

En ese orden de pensamiento, debemos aceptar que las razones de nuestra existencia no pueden ser otras sino las de alcanzar la felicidad y proporcionarla a los demás, obtener formas de vida superiores, y ser cada vez mejores, y que cuando alcancemos ese estado de perfección existencial, entonces y sólo entonces encontraremos la plenitud y la satisfacción de nuestros mayores anhelos, que son casualmente; La Bondad. La Verdad, La Justicia, La Belleza, y el Conocimiento Supremo. O sea, que volveremos a Dios, que es nuestro origen, nuestra razón de ser y nuestro indudable Fin.

Por cierto, se han puesto a pensar, que dada la inmensidad del cosmos, sería absurdo, que todo ése espacio, toda esa materia, toda esa energía, estuviera ahí, nada más porque sí? Inservible, (nomás "milando", como dijo el chinito). De hecho es absolutamente posible y muy probable que exista vida y vida inteligente en otras partes del Universo. Que podrían ser mucho mas avanzadas (o menos también), que la nuestra. No les parece que sería una absurda insensatez que todo esto, no tuviera un propósito inteligente?

Yo me atrevo a suponer que la vida extraterrestre existe, que inteligencias y seres de características tanto biológicas como intelectuales también. También creo, que al finalizar la vida, cada quien expondrá su caso ante la Justicia Divina, y su actuación será valorada con absoluta justeza a la luz de lo que nos fue adjudicado al iniciar el camino. Creo, finalmente, que Dios Todopoderoso y Misericordioso, nos adjudicará el lugar que merezcamos, de acuerdo a nuestros esfuerzos y méritos, y de tal manera iremos avanzando (o retrocediendo) en la personal vida espiritual hasta llegar a la perfección y a la cercanía Divina. En estos contextos; ¿Existen los Ángeles?. ¿Son extraterrestres?

Se los dejo de tarea. Por lo pronto para finalizar estas reflexiones y pidiendo disculpas por lo confuso y "rollero" que pudieran parecer estas líneas, a algunas amables personas. Me despido con una cancioncita que pinta de manera sublime la maravilla del vivir.

WHAT A WONDERFUL WORLD

I see trees of green, red roses too, for me and for you,. And I think to myself, what a wonderful world. I see skies of blue, clouds of white, bright blessed days, dark sacred nights. And I think to myself, what a wonderful world.

The colors of a rainbow, so pretty in the sky , are also on the faces of people going by. I see friends shaking hands, sayin`...how do you do. They are really sayin` I love you.

I hear babies cry, watch them grow. You know they are gonna learn much more than I never know. And I think to myself, what a wonderful world. Oh yes I must think to myself, what a wonderful world...

(Los autores de esta melodía que está considerada una de las 500 canciones más bellas del mundo: Bob Thiele y George David Weiss. Fué interpretada maravillosamente en los años 60s y 70s por artistas de la talla de Louis Armstrong, Bing Crosby y Tony Benett).

Hasta Siempre Bets.

Doccis (20 Enero 2008).

EL PROCESO DEL ENVEJECIMIENTO HUMANO

Análisis Crítico de los Factores del Envejecimiento Humano. Sugerencias Sobre Como Comprenderlo, Manejarlo, Retardarlo y Disfrutarlo al Máximo

Dr. Oscar L. Cisneros

INTERNATIONAL WINDMILLS EDITIONS

CALIFORNIA - USA – 2010

Made in the USA
Monee, IL
13 September 2026

63058230R00143